本书得到国家自然科学基金资助项目(72001151)资助

融入主客体行为的
综合评价模式
与方法研究

周莹 于淼 ◎ 著

中国财经出版传媒集团
经济科学出版社
Economic Science Press
·北京·

图书在版编目（CIP）数据

融入主客体行为的综合评价模式与方法研究／周莹，于淼著．－－北京：经济科学出版社，2025.5．－－ISBN 978－7－5218－6948－4

Ⅰ．X82

中国国家版本馆 CIP 数据核字第 20258HC956 号

责任编辑：白留杰　凌　敏
责任校对：刘　娅
责任印制：张佳裕

融入主客体行为的综合评价模式与方法研究
RONGRU ZHUKETI XINGWEI DE ZONGHE PINGJIA
MOSHI YU FANGFA YANJIU
周　莹　于　淼　著
经济科学出版社出版、发行　新华书店经销
社址：北京市海淀区阜成路甲 28 号　邮编：100142
教材分社电话：010 - 88191309　发行部电话：010 - 88191522
网址：www.esp.com.cn
电子邮箱：bailiujie518@126.com
天猫网店：经济科学出版社旗舰店
网址：http://jjkxcbs.tmall.com
北京季蜂印刷有限公司印装
710×1000　16 开　10 印张　150000 字
2025 年 5 月第 1 版　2025 年 5 月第 1 次印刷
ISBN 978 - 7 - 5218 - 6948 - 4　定价：40.00 元
(图书出现印装问题，本社负责调换．电话：010 - 88191545)
(版权所有　侵权必究　打击盗版　举报热线：010 - 88191661
QQ：2242791300　营销中心电话：010 - 88191537
电子邮箱：dbts@esp.com.cn）

前　言

　　行为具有模糊性与不确定性，管理研究中融入行为数据是信息时代各领域发展的重要和必然趋势。综合评价领域因涉及评价相关者的参与，其行为的量化和引导对于评价质量的提升显得尤为重要。考虑到评价主体（评价者）在评价过程中时常存在偏好行为、情感行为，评价客体（被评价对象）在被评价过程中可能会存在"以评促建"的行为提升需求。本书针对综合评价领域评价主体和客体的传统评价数据与行为数据交互转化问题，按照"主体行为分析—主体行为数据协同—客体行为数据引导"的逻辑展开逐级递进式探索研究。

　　第一，主体行为与评价方面，围绕群体评价主体心理行为的协同量化、客观过滤与冗余修正展开。首先，面向群体评价中存在的偏好（心理阈值）差异问题，提出一种心理阈值协同视角下的主观评价数据客观协同改进方法。构建心理阈值贴近协同模型，运用随机模拟算法分析不同情景下方法有效性的变化趋势。其次，针对情感行为难以量化问题，提出一种群体评价者情感行为数据的客观过滤方法。基于绝对、相对、变异性三个维度分别计算评价者的情感行为概率，运用随机模拟算法模拟评价者虚拟真实值，再对情感行为进行逆向验证分析与统计参数变化趋势。最后，提出了一种可降低群体主观评价数据理性差异的客观修正方法。基于因子分析去除冗余数据的思想构建了客观修正模型，再用随机模拟方法计算验证本书方法的有效性和稳定性，皆大概率优于传统方法，并分析模型参数情景变化对方法优胜度与优胜值的影响。上述方法均通过算例和随机模拟验证了方法的可行性。

　　第二，客体行为与评价方面，基于可持续发展应用背景视角，为评价客体提供提升行为方案。首先，从多源数据驱动的角度出发，在评价过程中整合行为引导思想和公众的情感需求。通过对网络数据的情感分析，确定了社会、经济和环境系统的主观权重，再对传统评价数据进行动态数据分析，获得行为引导的客观权重。其次，提出了一种客体提升需求融合的评价方法，即结合客体的实际改善需求，构建相应的加权方法。通过对指标数据的分析，得到个性化改善需求权重，再为其匹配相应的随机模拟算法，寻求多次模拟后处于稳定状态的评价值和优势概率。最后，提出从静态、动态、系统交互耦合协调多维度评价客体的方法，将上述定量结果与模糊集定性比较分析相结合，从而制定客体提升的定性发展路径。

上述研究旨在降低评价主体行为差异对评价结论公平性的影响，为评价客体提供未来发展所需实现不同等级目标对应的个性化、定量定性相结合的提升方案集。研究过程较少涉及主观因素介入，且兼顾情景模拟与模型检验，在提升评价效果和认可度的同时亦可降低决策成本，便于自上而下的政策引导和自下而上的实践探索。进而为需精细化管理的重大领域、关键环节涉及的实际综合评价问题提供切实有效的信息支撑。

本书出版感谢国家自然科学基金资助项目（72001151）资助。

周　莹

2025年4月

目 录

第1章 绪论 ·· 1

  1.1 选题背景 ··· 1

  1.2 问题的提出 ·· 5

  1.3 研究目的与研究意义 ··· 6

  1.4 研究方法与技术路线 ··· 8

  1.5 研究内容 ··· 10

  1.6 研究创新点 ·· 12

第2章 相关概念与文献综述 ··· 14

  2.1 基础研究层面 ·· 14

  2.2 拓展研究层面 ·· 21

  2.3 应用研究层面 ·· 29

  2.4 文献评述 ··· 31

  2.5 本章小结 ··· 33

第3章 主体偏好数据的协同改进 ·· 34

  3.1 引言 ·· 34

  3.2 模型构建与有效性测度 ··· 35

  3.3 模型检验与情景分析 ·· 38

  3.4 应用算例 ··· 46

  3.5 本章小结 ··· 48

第4章 主体情感数据的客观过滤 ·· 49

  4.1 引言 ·· 49

4.2 行为数据过滤方法 …………………………………… 50
4.3 模型检验与情景分析 ………………………………… 54
4.4 应用算例 ……………………………………………… 61
4.5 本章小结 ……………………………………………… 63

第5章 主体冗余数据的因子修正 …………………………… 64

5.1 引言 …………………………………………………… 64
5.2 模型构建 ……………………………………………… 65
5.3 模型检验与情景分析 ………………………………… 67
5.4 应用算例 ……………………………………………… 73
5.5 本章小结 ……………………………………………… 74

第6章 客体提升数据的情感融入 …………………………… 75

6.1 引言 …………………………………………………… 75
6.2 研究案例与数据来源 ………………………………… 75
6.3 指标体系构建 ………………………………………… 76
6.4 研究方法 ……………………………………………… 78
6.5 结果分析与相关建议 ………………………………… 82
6.6 本章小结 ……………………………………………… 89

第7章 客体提升数据的融合提炼 …………………………… 91

7.1 引言 …………………………………………………… 91
7.2 模型构建 ……………………………………………… 92
7.3 研究案例与数据来源 ………………………………… 98
7.4 结果分析与相关建议 ………………………………… 99
7.5 本章小结 ……………………………………………… 108

第8章 客体提升数据的定性分析 …………………………… 110

8.1 引言 …………………………………………………… 110
8.2 研究案例与数据来源 ………………………………… 111

8.3 模型构建 ……………………………………………………… 112

8.4 结果分析与相关建议 …………………………………………… 121

8.5 本章小结 ………………………………………………………… 132

第9章 结论与展望 …………………………………………………… 133

9.1 研究结论 ………………………………………………………… 133

9.2 研究展望 ………………………………………………………… 134

参考文献 ……………………………………………………………… 135

第 1 章 绪　　论

1.1　选题背景

综合评价是评价主体（评价者）依据已知条件和选定方法对评价客体（被评价对象）所进行的客观、公平、合理的全面评价，随着社会经济发展与科技进步，综合评价技术有着十分广泛的应用（易平涛，李伟伟，郭亚军，2019；王宗军，1998；苏为华，陈骥，2006；Yang F.，Wang M. M.，2020；陈衍泰，陈国宏，李美娟，2004）。从学科领域角度分类，有环境监测综合评价、药物临床试验综合评价、地质灾害综合评价、气候特征综合评价、产品质量综合评价等；从社会科学视角分类，有社会治安综合评价、生活质量综合评价、项目风险评价、社会发展综合评价、教学水平综合评价、人居环境质量评价等；在经济学学科领域，有综合经济效益评价、小康建设进程评价、经济预警评价分析、生产方式综合评价、房地产市场景气程度综合评价等。

数据在决策支持、效率提升、创新研发、用户体验、风险管理、市场竞争、社会管理和人工智能等方面都发挥着关键作用。它是现代社会的重要资源，推动着各行各业的进步和发展。因此，"数据"是全面评价的基石，随着信息技术的普及，"大数据""互联网＋""人工智能"等新一代信息技术的突破应用，信息获取能力和速度全面提升，数据已成为支撑社会系统、经济系统、自然系统有效运行的核心资源。面向大量复杂的数据输入，如何快速且优质地输出评价结论，既是综合评价领域面临的新难题，也是当下社会实践中不可忽视的深切需求。

对于比较复杂或重要的综合评价问题，为了兼顾评价的公平性和民主性，一般需要多个评价者参与的评价方式叫做群体评价。相比传统的综合评价方法，群体评价具备可集中群体智慧、减少偏见、增强可信度、提升参与感、适应复杂问题和动态调整、提升风险承担能力、改善评价科学性等优点（James S., 2004）。2002 年诺贝尔奖获得者丹尼尔·卡尼曼（Daniel Kahneman）教授也曾表示"联合起来的智慧胜过单一个体所做的判断"，社会心理学实验也多次证实了群体思维的正确性（戴维·迈尔斯，2016）。因此，作为科学决策的前提，群体评价具有不可替代的重要作用（岳超源，2011；徐玖平，李军，2005；丁涛，梁樑，2016；杨锋，杨琛琛，梁樑，许传永，2011；刘培德，张新，2012）。

人类正步入以数据为基础的时代，对于复杂的群体混合数据信息（一个数据集中同时包含多种类型的数据，如数值型、类别型、文本型、时间型、空间型、图像和视频数据、音频数据等）（徐泽水，2004）。处理混合数据信息需要采用多种技术和方法，以确保不同类型的数据都能得到有效利用，如何高效地搜集、整理、挖掘与分析，从而支撑用户及时简捷地得到有效的群体评价结论，已成为学术界和实务界共同关注的热点。群体评价理论与方法在社会管理、经济管理及生态管理等多个领域有着广泛的应用背景，吸引国内外众多学者进行了许多拓展性研究，迄今已取得较为丰硕的研究成果。

行为是个体或群体在特定环境和情境下所表现出的可观察和可测量的行动或反应，受到内在心理状态和外在环境的影响。外显行为是指可以直接观察到的行为，如说话、走路、工作等。内隐行为是指无法直接观察到的行为，如思考、情感、记忆等。行为的研究和应用广泛涉及心理学、教育学、管理学、市场营销和医学等领域。考虑到主客体（主体是指评价者，客体是指评价对象）行为差异可能会导致评价结论的"非一致性"，因此应当对群体评价模式中涉及的行为问题展开探索研究。在与综合评价共通性很强的多属性决策领域，行为决策相关研究方兴未艾（陈建中，徐玖平，2007；陈晓红，李慧，谭春桥，2018；Siebert J. U., Kunz R. E., Rolf P., 2020；Song H. F., Ran L., Shang J., 2017；樊治平，陈发动，张晓，2011；刘健，刘思峰，马义中，汪建均，2015）。

行为决策是指个体或群体在面临选择时，基于认知、情感、社会和环境等因素做出决策的过程。与传统的理性决策模型不同，行为决策强调人类决策过程中的心理和行为偏差，探讨实际决策行为与理想化理性模型之间的差异。如将前景理论（丹尼尔·卡尼曼和阿莫斯·特沃斯基提出人们在面对风险时的决策行为，指出人们对损失的厌恶大于对收益的偏好）（Wang Z. L.，Wang Y. M.，2020；刘培德，2011；Kahneman D.，Tversky A.，1979）、后悔理论（由格雷厄姆·卢姆斯和罗伯特·苏格登提出，人们在做出决策时不仅考虑结果本身的效用，还会考虑如果选择其他选项可能会产生的后悔或欣慰情绪）（危小超，李岩峰，聂规划，陈冬林，2017；李梦，黄海军，2017；Zhang S. T.，Zhu J. J.，Liu X. D.，Chen Y.，2016；Zhou X. Y.，Wang L. Q.，Liao H. C.，2019）等心理研究成果与传统的多属性决策方法加以融合，进而构建考虑决策者行为的决策方法，代表性的有修正的 VIKOR 模型（Liang D. C.，Zhang Y. R. J.，Xu Z. S.，Jamaldeen A.，2019）、变权优化模型（余高锋，李登峰，吴坚，叶银芳，2018）、PROMETHEE Ⅱ 方法（Özerol G.，Karasakal E.，2008）等。在此基础上，一些学者将上述行为科学研究方法逐步拓展至区间数（Jiang Y. P.，Liang X.，Liang H. N.，Yang N. M.，2018）、模糊数（王坚强，孙腾，陈晓红，2009）、语言信息（梁霞，刘政敏，刘培德，2018）等多种数据信息形式。而综合评价领域的行为研究相对较少，代表性的成果主要围绕基于前景理论的评价方法和基于奖惩激励的评价方法两个方面展开。

　　基于上述群体行为分析的基础上，可知群体中可能会存在一个或者多个评价主体行为，针对某一特定行为，群体中各评价主体的行为具体表现也可能存在一些差异。完全消除所有对评价结果公平性产生影响的主体行为是不现实的，因此需要通过一定的机制实现降低主体"有限理性"对评价结果多样性影响的目标，即主体行为数据优化。实际上，进行群体评价的目的，一方面是为了得到较为客观的评价结论；另一方面是为了督促各客体实现长效发展，如个人、组织、社会的绩效评价等。已有研究大多止于评价结论的生成环节，较少考虑评价客体如何有效地利用已有数据进行自我完善与提升，即行为引导。与此同时，融入行为的综合评价相比传统综合评价方法更为复杂，涉及混合评价信息的集结、主体意见不一致等现象，为客体直接从评价结论中获取提升策略带来了很大的难度。

就应用角度而言，以辽宁省为例，近年来，辽宁省委、省政府不断加快推进生态文明体制改革，努力构建系统完整的生态文明制度体系。2017年4月，省委、省政府印发了《辽宁省生态文明体制改革实施方案（2017－2020年）》（简称《方案》），这是辽宁省加快推进生态文明体制改革的顶层设计，是落实中共中央、国务院关于生态文明体制改革总体方案的具体体现，更是全省生态文明体制改革的时间表、路线图和任务书。《方案》结合辽宁省实际，从健全自然资源产权制度、建立国土空间开发保护制度、建立空间规划体系、完善资源总量管理和全面节约制度、健全资源有偿使用和生态补偿制度等8个方面，系统部署了46项改革事项，由17个省直部门牵头组织实施。从建立生态文明建设目标评价考核办法，到出台党政领导干部生态环境损害责任追究实施细则；从加强环境监管执法，到建设生态环境监测网络；从划定生态保护红线，到健全生态保护补偿机制；40多项制度文件相继制定，辽宁省在构建系统完整的生态文明制度体系上迈出了重要步伐。

生态城市的建设体现了城市发展和资源环境之间关系的和谐，同时也体现了城市居民对城市发展的要求与关切。我国经济高质量发展转型为经济可持续增长带来了强大的驱动力，然而，城市生态系统中各子系统（社会、经济和环境）之间的不协调、不均衡发展等问题却仍然存在，如气候变化、环境污染、资源耗竭、过度消费等。对城市生态系统的发展质量进行评价，是促进可持续发展、提升居民生活质量、支持科学决策、增强城市韧性、实现经济收益、促进社会公平和履行全球责任的关键。因此，对城市生态系统的发展质量进行评价从而指导相关政策的制定，既是解决当代重大社会问题的关键一环，也是对复杂系统评价理论方法的自然拓展。

辽宁省作为共和国长子、东北最重要的老工业基地，在城市化、工业化全面发展的过程中做出了巨大贡献，但是也遗留了一些生态环境问题，如空气污染、水污染、土壤污染、生态破坏、资源枯竭、固体废弃物问题、气候变化影响以及环境治理挑战。为此，研究应用以"城市可持续发展评价"为背景开展，一方面，与城市经济发展质量评价研究相比，城市经济、社会、环境系统综合进行可持续发展的相关研究较少，却具有显著的实际价值；另一方面，融入行为的评价模型是传统城市可持续发展评价模式的拓展，在多源异构数据驱动"评价智能"与"提升策略"的同时，可降低"有限理性"对评价结果多样性的影响，进而实现以人为主体的城市系统内各子系统之间的平衡与协调。

1.2 问题的提出

现今社会对于综合评价公平性的需求愈发强烈，为尽可能地降低"有限理性"对评价结果"非一致性"的影响，在评价过程中将"行为数据"纳入评价体系展开探索性研究尤为重要。鉴于评价领域与决策领域在环境的性质、功能、主要原则、对象的处理上皆存在一定的差别，因此部分研究方法不能完全通用。本书问题的提出主要包含以下两个方面：

（1）群体评价主体行为数据层面。在群体评价过程中不同主体的评价结果通常会存在一定的差异，该差异是由评价主体的理性分析与主观心理作用共同组成的，其中理性分析如主体的经验、知识等是客观存在且不易改变的，因此，将评价主体的主观心理行为数据进行量化进而降低评价结论的非一致性，是群体评价过程合理设计的重要组成部分。

（2）群体评价客体行为数据层面。主体行为数据的优化、过滤、修正是提升群体评价结论准确性的必然要求，也是指导评价客体精准提升的必要保障。在对主体行为数据进行详细分析的基础上，可以挖掘主体对于评价问题、评价客体的整体与局部期望，再将主体需求（协同后的评价数据）与客体需求转化成引导客体提升的具体行为数据方案，可主次有序地实现客体的有效提升。

考虑到群体评价涉及的主客体行为数据具有多样性和差异性，有必要对群体评价主体行为数据优化（可提升评价过程的公平性与评价结论的准确性）与客体行为数据引导（在实际应用中可引导客体实现长效发展）进行深入分析与方法研究。综上所述，可将融入行为数据的群体评价模式与传统的综合评价模式进行对比，两种评价模式区别如下：

（1）传统群体评价模式大多将评价过程中可能存在的问题融入"评价

准备—模型构建—评价结论"中的各个环节,即在原始数据结构基础上进行评价指标预处理、指标权重的确定、信息集结算子的构造等方法的创新或改进。而本书提出的群体评价模式在传统模式的基础上兼顾了主客体的行为数据,旨在实现评价准备、行为分析、行为优化、评价模型、评价结论、行为引导等环节的自然衔接。

(2) 传统群体评价方法在评价准备阶段已考虑混合数据形式(如实数、区间数、三角模糊数、语言信息、序数等)的有效融合。且随着综合评价方法的日趋完善,在评价过程中考虑单一主体行为并求解评价结论相对容易实现。而群体评价涉及多个评价主体,自然也可能存在多种主体行为的嵌套,并且与行为相对应的数据形式具有多样性,因此本书的行为分析层面拟解决的问题则较为复杂。

(3) 融入行为的群体评价模式从丰富群体评价理论体系和解决实际问题的角度出发,对传统群体评价模式进行了深度拓展。一方面,行为数据优化环节旨在提升群体评价的公平性,降低评价主体心理行为数据对评价结论的"非理性"影响;另一方面,行为数据引导环节通过对评价数据的分析,可为评价客体提供更为精准的提升策略,在丰富评价结论的同时可为实际应用提供一定的信息支撑。

1.3　研究目的与研究意义

现代管理是以人为中心的管理,而人的行为具有复杂性,因此在管理研究中融入行为要素已成为当下众多领域的研究趋势。本书是群体评价领域在新时代、新环境背景下产生的新需求,将会丰富群体评价理论体系并为大数据背景下的群体行为评价问题提供更翔实的技术支撑。

1.3.1　研究目的

(1) 理论方面:在大数据时代背景下,面向群体评价过程中主体行为数据协同与客体行为数据诱导的实际需求,提出并发展具有行为数据驱动特点的"融入行为数据的群体评价模式";评价流程层面,以移动互联网及行为实验为主要手段采集更为丰富的多源异构评价数据，将筛选、归纳、优化、整合、分析数据的环节与传统群体评价模式交互对接；评价方法层面，研究主体行为数据的分析方法、主体行为优化方法及客体行为引导方法，在方法构建过程中融入优化主体"有限理性"评价数据的思想，并结合具体需求为客体提供更为个性化、精细化的行为数据，以提升群体评价结论的公平性与指导性。

（2）应用方面：与综合评价领域现有知识体系有效结合，辅之以行为数据的跟踪与反馈，构建出面向复杂群体评价问题的评价框架，从而实现行为数据与综合评价方法的深度融合，为推进需施行精细化管理的重大领域、关键环节涉及的实际评价问题提供切实有效的理论工具。具体地，将项目的研究成果运用于"区域可持续发展评价"问题中，为区域生态系统的科学定位与管理提供理论依据，进而为"效率更高、供给更有效、结构更高端、更绿色、可持续以及更和谐"的高质量发展理念提供有效的信息支撑。

1.3.2 研究意义

（1）科学意义。群体评价具有民主性、协调性、有效性等特点，是现代社会常用的管理手段。鉴于评价主体的认知和情感体验差异，将会导致群体中存在不同的行为，这些以混合数据形式呈现的行为如何剔除冗余信息并高质量地向"面向过去"的评价结论和"面向未来"的客体行为诱导数据进行转化，同时客体行为数据如何反馈并丰富评价结论，是推进当前群体评价理论的难点，也是亟待深入解决的关键问题。本书提出"融入主客体行为数据的群体评价模式"，从降低群体评价有限理性核心问题出发，运用双向逻辑，正向获取偏好行为数据、逆向过滤情感行为数据，构建兼顾行为协同与行为诱导的群体评价模式，进一步推动了群体评价理论研究与实际应用问题的深度融合。

（2）社会意义。群体评价的功能在于运用共享或群体的智能准确并快速定位评价客体所处的状态，如网购前应了解产品评分、企业年终奖应考虑员工绩效、落实公共安全管理工作时应当对各种潜在的风险进行评价等。对于较复杂的系统，群体评价方法实际上可以为评价需求者提供观测的工具，以衡量评价客体的实时状态并有利于制定下一步的科学决策方案。本书依托群体评价领域现有知识体系，将行为数据分析思想融入其中，构建出主客体行为与传统群体评价方法交互融合的模型框架，旨在降低群体迷思和认知偏差，实现复杂行为数据向评价结论信息的有效转化，为大数据时代的组织和个体提供面向高质量决策需求的整体评价资源，如涵括情境相宜的评价技术、数据化提升方案等。

1.4 研究方法与技术路线

1.4.1 研究方法

本书综合运用了多种定性与定量研究方法。具体研究方法如下：

（1）在主体数据优化部分，研究首先采用线性变换、标准化处理等数学方法对原始行为数据进行优化，以消除数据中的噪声和不一致性，确保数据的可靠性和可比性。其次，通过仿真模拟方法对构建的行为协同模型进行有效性验证，模拟不同情境下的行为动态，以检验模型的鲁棒性和适用性。此外，该部分还辅助采用了文献分析法，系统梳理相关领域的研究成果，为模型构建提供理论支持。最后，运用数据降维技术（如主成分分析或因子分析）对高维数据进行简化，提取关键特征，从而得到更加精准和高效的主观评价值。这一系列方法的结合，不仅提高了数据处理的精度，还为后续分析奠定了坚实的基础。

（2）在客体行为数据引导部分，首先，通过数据挖掘技术从海量数据中提取有价值的信息，识别行为模式及其潜在规律；其次，运用情感分析方法对文本、语音等非结构化数据进行分析，捕捉评价相关群体的情感倾向和态度变化；此外，结合数学建模方法构建行为预测模型，量化行为与结果之间的关系；同时，采用统计分析方法对数据进行描述性统计、相关性分析和回归分析，以揭示变量之间的内在联系。最后，引入模糊集定性比较分析（fsQCA）方法，探索多因素组合对行为结果的复杂影响机制。这些方法的综合运用，不仅为评价客体提供了更加贴合实际需求的数据化行为引导方案，还为政策制定者和实践者提供了科学依据和可操作的建议。

1.4.2 技术路线

研究总体技术路线如图 1.1 所示。从图中可以看出，本书在系统梳理国内外相关文献的基础上，针对综合评价中因评价相关者行为数据差异所导致的"评价结论非理性"和"提升建议非精细化"问题，提出了融入行为数据的群体评价模式。这一模式按照"主体行为数据优化"到"客体行为数据引导"的逻辑逐步展开深入研究，旨在通过行为数据的整合与分析，提升评价的科学性和实践指导价值。总体来看，研究分为三个层次：理念层、理论与方法层以及应用层。

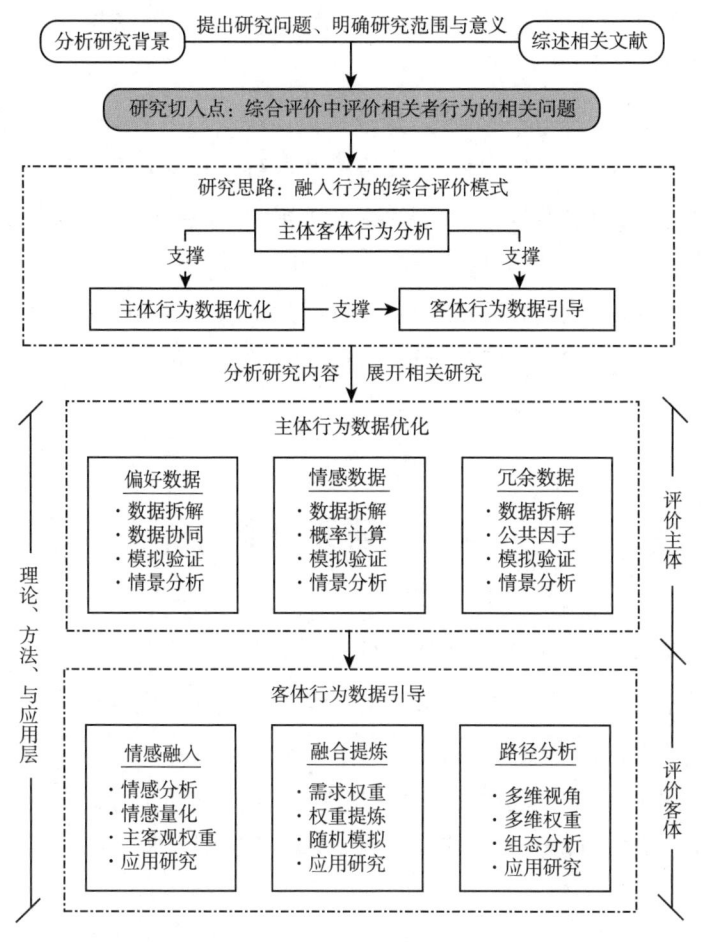

图 1.1 技术路线

（1）理念层：在理念层中，研究提出了融入行为数据的群体评价模式，初步构建了本项目的基本框架。这一模式的核心在于将评价相关者的行为数据纳入评价体系，以解决传统评价方法中因忽视行为差异而导致的结论偏差问题。通过这一理念，研究为后续的理论与方法探索奠定了方向性基础。

（2）理论与方法层：在理论与方法层中，研究对融入行为数据的群体评价模式所涉及的具体理论和方法进行了详细探讨。这一层次包括对主体行为数据的优化方法（如线性变换、数据降维等）和客体行为数据的引导方法（如数据挖掘、情感分析、数学建模、统计分析以及 fsQCA 等）的系统研究。同时，研究还通过模拟仿真和模型有效性验证，对传统群体评价方法进行了拓展与创新，确保所提出的理论与方法具有科学性和实用性。

（3）应用层：在应用层中，研究将上述融入行为数据的群体评价理论与方法应用于实际场景，通过实践检验其可行性和有效性。这一层次不仅验证了理论与方法层的成果，还为相关领域的实践提供了可操作的解决方案，例如在政策制定、管理优化和社会治理中的应用。

通过这三个层次的结合，本书不仅构建了融入行为数据的群体评价理论体系，还通过实践验证了其科学价值，为综合评价领域的发展提供了方法论支持。

1.5 研究内容

本书共包含 7 章内容，具体安排如下。

第 1 章，绪论。在对综合评价、群体评价等概念进行界定的基础上，发现已有的群体评价相关研究存在的一定局限性，据此提出了融入行为数据的群体评价模式与相应的优化、量化方法。并说明了研究目的与研究意义，介绍了研究方法与技术路线。在此基础上，对结构安排进行了简要说明。最后，总结了创新性。

第 2 章，相关概念与文献综述。主要通过查阅文献的方式，对已有的群体评价相关理论研究、基础研究、拓展研究、应用研究分别进行了梳理与归纳，并指出了已有评价方法的局限性，便于在此基础上对其进行完善。

第3章，主体偏好数据的协同改进。面向群体评价中存在的心理阈值差异问题，提出一种心理阈值协同视角下的主观评价数据客观优化方法。首先，对评价者全局与局部心理阈值进行介绍并构建心理阈值贴近协同模型，从稳定性优胜值、稳定性优胜度、趋近真值优胜值和趋近真值优胜度等方面给出模型的有效性测度方法。其次，运用随机模拟算法验证本书方法的有效性并为其选取更为适配的信息集结算子，进一步分析了不同情景下方法有效性的变化趋势。最后，通过应急管理水平群体评价算例对上述研究内容进行求解和可行性说明。

第4章，主体情感数据的客观过滤。针对非自主式群体评价领域中无形情感行为难以有形量化问题，运用概率思想提出一种群体评价者情感行为数据的客观过滤方法。首先，基于绝对、相对、变异性三个维度分别计算评价者的情感行为概率，从而达到过滤评价者情感行为数据的目的；其次，运用随机模拟算法生成评价者虚拟真实值，并对群体评价者情感行为进行逆向验证分析，统计不同情景下验证参数变化趋势，论证本书方法的可靠性与有效性；最后，通过绩效考核算例对上述研究内容进行求解和可行性说明。

第5章，主体冗余数据的因子修正。针对群体评价中群体评价者提供的主观数据存在理性差异这一问题，本书提出了一种可降低群体主观评价数据理性差异的客观修正方法。首先，基于因子分析去除冗余数据的思想界定了主观评价数据真实值公共因子的内涵并构建了客观修正模型，通过应用算例表明本书方法与传统方法既有差异又有关联；其次，运用随机模拟方法计算本书方法相对传统方法的差异优胜度与差异标准差优胜度，验证了本书方法的有效性和稳定性皆大概率优于传统方法；最后，系统分析模型参数情景变化对方法优胜度与优胜值的影响，为评价者提供方法选取的依据。

第6章，客体提升数据的情感融入。基于多源数据驱动的角度，将传统的评价数据与网络数据相结合，即在评价过程中整合行为引导思想和公众的情感需求。通过对网络数据的情感分析，确定了社会、经济和环境系统的主观权重。通过对传统评价数据进行动态数据分析，获得行为指导的客观权重。并对辽宁省14个城市的可持续性水平进行了实证分析并提出针对性的提升建议。

第7章，客体提升数据的融合提炼。考虑到经济和社会系统对环境系统的相互作用，从环境基础、环境污染和环境保护三个维度构建了城市环境可持续性评价指标体系。结合各城市的实际改善需求，构建相应的加权方法，通过对指标数据的分析，得到各城市个性化改善需求的权重。进一步，为了考虑评价的公平性和指导性，对个体化权重匹配相应的随机模拟算法，寻求多次模拟后处于稳定状态的评价值和优势概率。基于此，对辽宁省14个城市的城市环境可持续性进行了实证评价。

第8章，客体提升数据的定性分析。提出从静态、动态、系统交互耦合协调等多维度评价城市可持续性的方法，并将其应用于辽宁省城市可持续性评价中。将上述定量结果与模糊集定性比较分析（fsQCA）相结合，进行配置分析，从而制定出符合各城市自身特点的可持续发展路径。

第9章，结论与展望。对融入行为数据的综合评价模式与方法的研究内容进行了总结，并对进一步的研究工作进行了展望。

1.6　研究创新点

本书的主要特色及创新之处有：

（1）针对群体评价过程中评价相关者存在的行为问题，提出一种兼顾评价主体"行为数据优化"与评价客体"行为数据引导"的群体评价模式，该模式是对传统群体评价流程从"面向数据"到"面向数据与行为交互转化"的纵向深度挖掘，丰富了综合评价现有的理论体系。

（2）在已有研究的基础上，采用随机模拟方式构建虚拟模型，并在此基础上构建了"显性"偏好行为数据协同、"隐性"情感行为数据过滤、冗余行为数据修正的优化算法，为群体评价中复杂主体行为信息的深度运用提供了方法支撑。该研究方式是对行为研究和群体评价领域的新拓展，将有助于提升上述领域的应用价值。

（3）评价相关者情感需求权重量化与评价客体的状态趋势权重量化有利于客体行为引导模式的拓展，结合评价相关者的实际需求可为评价客体提供个性化、精细化的提升方案，从而大幅拓展与充实了评价结论的价值空间。

第 2 章 相关概念与文献综述

2.1 基础研究层面

2.1.1 综合评价

综合评价是对被评价对象所进行的客观、公正与合理的全面评价。多属性综合评价的理论、方法已成为工业工程、经济管理及决策领域中不可或缺的重要内容，拥有重大的实用价值与广泛的应用前景。一般情况下，综合评价的过程分为四个步骤：首先，评价者需明确评价目的，依据评价目的选取相应的被评价区域作为被评价对象，并划定范围或边界；其次，构建评价指标体系并收集评价指标原始数据，在此基础上的 TOPSIS 对评价指标进行预处理（类型一致化及指标值的无量纲化处理），消除指标类型、量纲量级对评价结果的影响；再次，依据评价目的确定各评价指标的重要性程度，即指标权重；最后，选择或构建合适的评价信息集结模型（一般情况下，选取线性加权集结算子）对预处理后的评价指标信息及对应的指标权重进行合成，得到最终的评价值，据此对被评价对象进行排序或分类，并分析评价结果。

综合评价在全面分析（涵盖多个维度，避免单一指标的局限，提供更全面的视角。有助于从整体上理解对象，避免片面结论）、决策支持（为决策者提供全面信息，提升决策的科学性和合理性。帮助合理分配资源，确保高效利用）、公平性（通过多维度评估，公开评价标准，增强透明度和公信力，减少主观偏见，确保结果更公正）、持续改进（通过综合评价识别不足，推动改进。根据评价结果及时调整策略，提升竞争力)、激励(通过评价激励个体或组织提升表现,明确目标推动持续进步)、风险管理(发现潜在风险提前应对,通过评估提升应对不确定性的能力)、沟通协调(为各方提供共同框架便于沟通与协调,帮助各方达成共识、减少分歧)和竞争力提升(通过评价识别核心竞争力,制定有效策略,帮助企业或组织在市场中准确定位,提升竞争力)等方面具有重要作用,是科学管理和决策的关键工具。

综合评价领域的热点方法主要包括以下几种:将复杂问题分解为多个层次,通过两两比较确定各因素权重的层次分析法;评估具有多输入和多输出决策单元的相对效率的数据包络分析法;利用模糊数学处理不确定性和模糊性的模糊综合评价法;通过计算评价对象与理想解和负理想解的距离进行排序的TOPSIS法;通过计算灰色关联度分析各因素间关系的灰色关联分析法;利用神经网络模型进行复杂系统非线性建模和预测的神经网络评价法;根据指标的离散程度确定权重的熵值法等。这些方法各有优点和缺点,适用于不同的评价场景。选择合适的方法需根据具体问题和数据特点进行权衡分析。

2.1.2 群体评价

对于社会系统中大型、复杂、重要的评价项目一般需要多个专家(或决策者)的参与,这种情况称为群体评价。传统综合评价方法通常包含评价目的确定、评价指标选取、评价指标赋权、评价信息集结等环节,群体评价是综合评价的拓展研究内容,在上述一个或多个环节中涉及多个评价者参与。梳理已有文献可知,近年来群体评价与群体决策相关文献主要集中在以下几个方面(考虑到群体评价与群体决策具有较大程度的关联性,以下文献梳理包含群体决策的相关文献):

(1) 群体偏好表达方式研究。在群体评价过程中,群体成员的偏好表达方式会对群体评价结果产生重要影响。代表性的群体偏好表达方式研究有:运用群体效用函数表达群体偏好结构的群体效用理论(Dias L.,Sarabando P.,2012;Keeney R. L.,2013),主要聚焦如何构建群体效用函数来表达群体的偏好情况;融合不同类型群体偏好信息的群体评价方法(Lin

J., Chen R. Q., 2020；徐泽水，2004），如许叶军等（2009）针对具有不同粒度语言判断矩阵形式的偏好信息的多属性群决策问题，给出了不同粒度语言转换的准则、不同粒度语言短语一致化的函数及其性质及不同粒度语言判断矩阵；对个体偏好的集结，如集结群体 AHP 方法中的个体判断矩阵和个体排序向量（Wang Z. J., Tong X. Y., 2016），如许（Xu Z. S., 2000）对加权几何平均法的一致性问题进行了研究，证明了加权几何平均复合判断矩阵具有可接受的一致性，为加权几何平均法在群体决策中的应用奠定了理论基础；面向群体评价过程中的不确定信息（模糊数、区间数和随机信息等）建立相应的计算规则（Benítez J., Carpitella S., Certa A., Izquierdo J., 2019；周金明，苏为华，周蕾，何帮强，2018），如易平涛等（2015）针对多信息来源、多数据结构的复杂评价问题，对传统评价模式进行拓展，采用构建信息融合框架的方式对不同类别与结构的多源信息进行整合，并通过随机模拟仿真的方法对信息融合框架的求解算法进行了探讨，提出了复杂评价信息的整合及求解的泛综合评价方法。

（2）多方参与主体共同利益研究。评价过程中多方参与主体的共同利益达成是群体评价面临的常见问题。已有研究大体分为以下几类：运用蒙特卡洛模拟、群内与群间多阶段、密度集结算子等方法进行群体意见协商（协商的基本思想是使协商值与单个协商参与者或利益集团给出的协商信息偏差最小）（张发明，郭亚军，易平涛，2010；张发明，郭亚军，2009），如李伟伟等（2013）针对群体评价中专家信息的集结问题，从利益相关者协商的视角对密度算子进行拓展，基于密度算子信息集结的过程，结合组内和组间信息的特征，分别给出了组内和组间协商的两种模型，以此实现信息的集结；提高评价质量并促进群体评价者之间信息交互的群体评价（Akram M., Adeel A., Alcantud J. R., 2019），张发明等（2014）通过分析交互式评价中区间型评价信息的特性，提出了评分区间重置算法的设计思想，该算法能够实现评分区间与每轮调整后评价信息的协同调整并推动交互的进行，使评价信息趋于稳定；基于某种评价需求如寻求相似意见、期望效用最大（Zhang F. W., Xu S. H., 2016）、突出多数评价者意见（Pelaez J. I., Dona J. M., 2003）等构建相应的群体评价方法，如赵海燕等（2000）分析了影响群体评价结果的因素，在以三角模糊数表达评价意见的基础上，提出了可全面反映群体评价中应考虑因素的群体评价一致性合成的过程和算法。

（3）大规模群体参与研究。以海量数据为基础的信息技术时代的到来，使得大规模群体参与评价的方法日趋成熟，代表性的研究有基于属性分布信息的大规模群体评价方法（陈骥，苏为华，张崇辉，2013），利用群体评价信息构建各属性的分布以体现群体对属性的共识程度，并结合属性取值区间采用分布型区间数对群体评价信息进行描述，在定义分布型区间数运算规则的基础上，提出了属性权重与分布型区间数的加权集结算子，给出基于分布型区间综合评价值的方案排序方法；决策支持系统框架下的大规模群体评价方法（Santoso W.，Deng H. P.，2013），以提高共识构建过程的有效性；大规模群体评价的社会网络分析方法（Wu T.，Liu X. W.，Liu F.，2018），通过考虑社会网络信息提出一种新的区间型模糊TOPSIS 模型来解决复杂不确定环境中的大规模群体评价问题；大规模群体信任关系的冲突检测与消除（Liu B. S.，Zhou Q.，Ding R. X.，Palomares I.，Herrera F.，2019），使用社交网络分析和非线性优化模型来检测和消除决策者之间的冲突，通过找到非线性优化模型的最优解，促进表现出最高冲突程度的决策者信息修改，以确保充分降低群体冲突程度；双层次模糊语言偏好关系下的共识达成（Gou X. J.，Xu Z. S.，Herrera F.，2018）设计了一种具有双层犹豫模糊语言偏好关系的大规模群体决策共识达成流程，以保证共识达成流程的实现。

（4）其他类型的群体评价研究。相关研究主要围绕让群体评价者更加便捷地交流与共享信息、激发评价者思路、防止小集体主义对评价结果的影响、提高评价群体对评价结果的满意程度和置信度等方面展开，如考虑评价网络中心性和专家之间认知距离差异的群体网络评价方法（侯芳，2018）、将机器学习引入决策支持系统构建智能决策支持系统（Siddiqui A. W.，Raza S. A.，Tariq Z. M.，2018；徐振宁，张维明，陈文伟，2013；杨善林，倪志伟，2004）、专家权重确定方法（Yue C.，2017）、群体信息集结方法等（张发明，2014；易平涛，王士烨，李伟伟，董乾坤，2023）。

群体评价整体流程的任一环节差异均可作为分类依据，本书不再过分赘述其他分类情况。

2.1.3　决策与评价

决策与评价之间有着密切的关联，二者相互影响、相互支持，具体体现在以下几个方面。一是评价是决策的基础，决策是评价的目标。评价通过系统分析提供全面信息，帮助决策者理解现状、发现潜在风险、识别问题，可对不同方案进行优劣比较，为决策提供依据。评价的最终目的是为决策服务，评价内容和方法需围绕决策需求设计。二是评价与决策存在互动关系，决策实施后，需通过评价反馈效果，进一步优化决策，决策结果又循环着为下一轮评价提供数据。三是评价结果直接影响决策方向和质量，科学的评价能提升决策的科学性和合理性，减少主观偏见的介入。实际应用中时常通过绩效评价支持战略决策、运用政策评估优化政策制定、运用风险评估和绩效评价支持项目决策。

但决策和评价之间也存在一些差异，如决策旨在为具体问题提供最优解决方案或行动方案，侧重于选择最佳策略，而评价旨在评估项目、政策或干预措施的效果和影响，侧重于判断其成功与否；决策常用决策分析、成本效益分析、多准则决策分析等方法，依赖模型和模拟。评价常用实验设计、问卷调查、案例研究等方法，依赖数据收集和分析；决策通常在行动前进行，为未来决策提供依据，评价通常在行动后或进行中进行，评估已实施措施的效果；决策结果是具体的行动方案或策略建议，评价结果是对项目或政策效果的判断和改进建议。

多属性决策和多属性评价是决策科学中的重要领域，两者的共同前沿研究主要有智能化与自动化（利用人工智能、机器学习等技术提升决策和评价的效率和精度）；可持续发展（将环境、社会和经济因素纳入决策和评价体系）；不确定性处理（开发更先进的方法处理模糊、不确定和不完整信息）；人机交互与可视化（提高决策和评价过程的透明度和用户体验）。

2.1.4　行为与评价

行为是有机体在各种内部或外部刺激影响下产生的活动。不同心理学分支学科对行为研究的角度有所不同。如生理心理学主要从激素和神经角度研究有机体行为的生理机制；认知心理学则从信息加工角度研究有机体行为的心理机制；社会心理学主要从人际交互的角度研究有机体行为和群体行为的心理机制等。在"低限群体情境"下，常存在社会助长作用、社会懈怠和去个性化等影响群体行为的现象；"互动群体情境"下，群体极化、群体思维和少数派影响也会对群体行为产生影响。

行为决策研究以期望效用理论、前景理论、启发式与偏差、双系统理论为理论基础，围绕风险决策、跨期决策、社会决策等方面展开研究。逐步从传统的理性决策模型发展到关注人类实际行为的复杂性（涉及人类认知、情感、环境和社会因素的交互作用），揭示了决策中的认知偏差和情感影响。而综合评价领域的行为研究相对较少，具体可分为基于前景理论的评价方法和基于奖惩激励的评价方法，简述如下。

评价主体打分偏好的多样性以及对评价相关者认知和情感的差异，在某种程度上会导致评价结果与真实值之间的偏差产生。例如，心理学实验表明评价主体在面对"得失"时偏好行为有可能不一致，面对"得"时风险规避、面对"失"时风险追求等；因从众现象的存在，约35%的人会选择与群体评价者保持一致，即使他们知道这种选择是错误的。因此，不同群体评价主体的行为通常存在差异。例如，群体评价时如果无法对主体评价效果进行评价或者主体无须为某事单独负责时更可能发生社会懈怠的现象；评价过程自由探讨时容易出现群体极化的现象，即讨论会强化群体成员的共同态度；评价之前无事先沟通或是分别评分时更容易出现偏好差异的问题等。前景理论由丹尼尔·卡内曼和阿莫斯·特沃斯基教授提出，将心理学研究应用在经济学领域，与长期以来沿用的理性人假设不同，展望理论基于实证研究视角，分别考虑人的心理特质、行为特征等非理性心理因素，揭示影响选择行为的多个参数，为不确定情况下的人类判断和决策理论方法做出杰出贡献。基于前景理论的评价方法主要面向心理行为与传统期望值理论、期望效用理论不一致的情景，将评价方法与前景理论相结合（Wang W. Z., Liu X. W., Qin Y., Fu Y., 2018；Wang J., Ding S., Song M., Fan W., Yang S. L., 2018；Liu H. H., Song Y. Y., Yang G. L., 2019），即运用前景理论价值函数模型对群体评价方法进行改进。

如何通过评价对客体的行为起到引导作用（激发和维持评价客体的内

在动力，诱导其朝着期望的目标采取行动的过程），并结合已有信息主次有序地为评价客体提供面向未来的数据化提升方案，是近年来传统综合评价拓展领域方兴未艾的热点问题。基于奖惩激励的评价方法由规则导向和过程导向两个部分组成。

（1）规则导向的奖惩激励方法需要在评价初始阶段聘请相关专家设置奖惩规则，并对客体的评价指标值或评价结果进行调整。如易平涛等先后提出了基于评价者对被评价对象发展的预期，刻画可对被评价对象行为进行诱导的双激励控制线（易平涛，郭亚军，张丹宁，2007）（该方法决策意图明确，能够利用并得出更多的评价信息，是对常用的算术平均、加权平均等合成方式在另一视角的有效补充）、泛激励控制线（易平涛，张丹宁，郭亚军，2010）（该方法能很好地刻画决策者对于被评价对象发展的预期，并在处理过程中实施"控制与激励"的双重管理手段，因而体现出明显的决策意图。实践中长期使用该方法，可对被评价对象持续科学的发展行为产生良性诱导）、分层激励控制线（易平涛，冯雪丽，郭亚军，张丹宁，2013）（通过分层实现逐步激励，从而诱导个体或组织的突破式发展）、时序增益分层信息集结方法（易平涛，由海燕，郭亚军，李伟伟，2015）（在三种不同奖惩情境下，通过增益确定不同的奖惩层级，在此基础上利用决策者偏好信息确定激励系数；然后运用差异因子和理想贴近度修正增益值，据此得到带有奖惩特征的评价结果。该方法体现评价者的奖惩需求，通过逐层激励，可拉大被评价对象的整体差距，期望对个体或组织的良性发展起到引导作用）。郭亚军等通过对被评价对象的观测值与变化量进行激励系数构建，并对激励策略进行模拟仿真（郭亚军，周莹，易平涛，李伟伟，2017）（通过对全局被评价对象的观测值与变化量进行激励型分层得到具有奖优惩拙思想的全局激励系数，据此在动态环境中集结出带有激励作用的被评价对象综合评价值与排序。通过对激励策略进行仿真，分析不同策略下相对初始排序的变化程度及不同策略间的变动对排序结果的影响，从而为评价者制定激励型分层策略提供理论依据）。

（2）过程导向的奖惩激励方法首先对客体的评价指标值或权重值进行奖惩调节，再分析客体评价指标发展水平或趋势，进而得到最终的评价结果，代表性的研究有李美娟等根据评价指标值的差异对评价指标进行分类，找出关键指标，对评价指标值和指标值增长率进行比较分析，提出了带有奖惩作用的动态激励（或惩罚）因子和综合排序指数（李美娟，陈国宏，庄花，2009）；马军等在传统机制设计理论的基础上，在满足员工参与约束、激励相容约束的同时引入承诺约束，构建了一个权变而动态的激励—绩效模型，并据此分离出三种情境下的最优绩效评价系统模式（马君，2009）；张发明等提出了一种改进的动态激励综合评价方法，改进后的综合评价方法融入了更具针对性的激励控制思想。通过引入加速度、加速度指数等概念反映不同时刻下各评价指标值的变化趋势，通过优劣增益幅度的确定得出动态激励评价指标值。提出了一种映射权重判定算法，该算法能够较好地判定因多阶段评价指标值的波动而导致权重信息的变动范围，并可实现评价指标值与权重信息的协同调整（张发明，孙文龙，2015）。

2.2 拓展研究层面

2.2.1 偏好行为与评价

偏好是指隐藏在人们内心深处的一种倾向，因此偏好具有明显的个体差异，也存在群体共性特征。偏好行为是基于偏好而体现出来的具体行为，在企业经济、宏观经济、临床医学等学科领域受到广泛关注，相关研究有融资偏好行为（刘光乾，陈志丹，2011）（对我国偏好股权融资的这种现象，在行为财务理论的前景理论框架内，结合破产约束、负债条件约束及激励约束，以前景理论的价值函数与权值函数为基础构建了股权融资的管理层价值分析模型，通过该模型分析了管理层偏于股权融资倾向的原因与机理解释）、消费偏好行为（张永强，蒲晨曦，彭有幸，2018）（采用分层回归的方法实证分析农民绿色消费的各个意识维度对其消费行为的影响，研究诱致性因素对农民绿色消费意识－绿色消费行为关系的调节效应。在绿色消费意识－诱致性因素－绿色消费行为模型中，不同变量对消费行为影响的传导路径存在显著差异）、网购偏好行为（卢亭宇，庄贵军，

2021）（探讨网购这一特殊情境下消费者线下体验行为的内涵、前因和后果，构建了一个网购情境下消费者线下体验行为模型）、风险偏好行为（彭丽徽，蒋欣，毛太田，2023；王新平，张子鸣，2023）（决策者非完全理性对风险偏好的影响）、偏好行为选择优化（汤旖璆，苏鑫，刘琪，2023；田贵良，胡豪，景晓栋，2023）等。

综合评价领域的偏好行为主要体现在评价者的评分偏好方面，如宽厚型评价者打分值通常偏高，而严厉型评价者评分则普遍偏低这一类心理阈值差异现象。偏好行为数据是综合评价过程中产生的与评价者偏好相关的数据，本书将偏好行为数据定义为相对更易识别的"显性"数据。周莹等（2017）针对传统群体评价方法未考虑评价者存在的心理阈值这一现象，提出一种心理阈值协同的群体评价方法，构建极大型、极小型、居中型、区间型指标与指标权重对应的群体赋值心理阈值量化算法，并根据量化后的心理阈值对评价值矩阵进行协同，需要注意的是该方法涉及主观因素的参与（需要评价者提供心理阈值区间信息），属于功能驱动型的评分与赋权方法改进。

2.2.2　情感行为与评价

情感是人对所接触客观事物的一种比较固定的态度，是人类对客观事物是否满足自己的需要而产生的复杂体验。情感与情感行为是相互关联的概念，情感驱动情感行为；情感行为表达和调节情感。研究两者关系有助于深化对人类行为的理解，并在心理健康、社会互动、教育管理等领域发挥重要作用。情感行为在企业经济、心理学、医学等学科领域受到关注。如杨永清等（2022）采用Python软件爬取微博用户言论数据以计算用户情感值，并对用户内容创建及信息传播行为进行定量分析；陈佳琦等（2022）依据ABC态度理论构建结构方程模型，提出基于"认知—情感—行为"的结构方程模型有可能通过揭示游客认同的影响机制，为城市动物园未来的发展提供决策信息。情感行为是一个跨学科的研究领域，涉及心理学、神经科学、社会学等多个学科。

在综合评价中，情感行为是评价者和被评价者在评价过程中表现出的情感反应，可能影响评价的客观性（情感偏好和偏差可能导致评价偏离客观标准，降低评价的公正性）、一致性（不同评价者的情感状态可能导致评价结果不一致，影响评价的可比性）和有效性（被评价者的情感表达和调节可能掩盖真实情况，影响评价的准确性）。

通过标准化流程、培训评价者、匿名评价等策略，可以减少情感行为的负面影响，同时也可以积极利用情感行为提升评价效果。评价者在综合评价过程中可能表现出情感偏好（评价者可能对某些被评价对象，如个人、团队、项目产生情感偏好，导致评分偏离客观标准，即对熟悉或喜欢的对象给予更高评价）、情感偏差（评价者可能因焦虑、愤怒情感状态影响判断，导致评价结果失真，如情绪低落时可能对所有对象评分偏低）、情感传染（评价者的情感可能通过语言、表情或行为传染给其他评价者，影响整体评价氛围，如积极的评价者可能带动团队给予更高评价）。

具体而言，本书中情感行为数据是指综合评价过程中产生的与评价者情感相关的数据，与可量化的显性偏好行为不同，本书将情感行为数据定义为相对不易识别的"隐性"数据。郭亚军等（2011）针对评价主体打分给出评价信息的主观自主式综合评价问题，提出评价对象虚拟真实值理念，基于群体评价值与待定虚拟值离差最小化的思想构建了确定虚拟值的数学规划方法，并对各评价主体给出的评价值进行循环调整，从而达到对虚拟值进行循环优化的目的。

2.2.3 因子分析与评价

因子分析属于探索性统计分析技术，是指研究从变量群中提取共性因子的统计技术。因子分析方法基于降维去冗余思想，在尽可能不损失或者少损失原数据信息的情况下，将复杂的众多变量聚合成少数几个独立的公共因子。最早由英国心理学家查尔斯·斯皮尔曼（Spearman C., 1904）基于他对于智力的研究，提出可能存在一些潜在的共同因子影响智力这一观点。随后，雷蒙德·伯纳德·卡特尔（Cattell R. B., 1967）对因子分析的应用范围扩展至性格分析上。由此可知，因子分析作为心理学研究方法被发明，至今仍是心理学领域的重要分析方法。之后因子分析被引入众多学科领域（张杰，张远圣，2019；冯栩，喻文健，李凌，2022；Yong A. G., Pearce S., 2013；Howard M. C., Henderson J., 2023；Kush J. M., Masyn

K. E., Amin-Esmaeili M., et al.，2023），如心理学与行为科学中的人格研究、量表开发、认知能力研究；市场研究的消费者行为分析、市场细分、产品属性分析；经济学与金融学的经济指标分析、资产定价、风险管理；教育学的学生能力评估、课程评价、教育政策研究；社会科学中的社会调查分析、文化研究、公共政策评估；医学领域的疾病风险因素分析、健康行为研究、医疗服务质量评价；工程技术领域的质量控制、产品设计、系统优化；环境科学方向的环境质量评价、生态研究、资源管理。

因子分析在综合评价中通过降维（减少评价指标数量）、提取关键维度（识别潜在维度，明确评价重点）、验证评价体系、提高科学性和客观性（指标权重分配客观方法）等方面发挥重要作用。它为综合评价提供了数据驱动的分析方法，帮助研究者更高效、更准确地完成评价任务，并为决策提供科学依据。具体步骤包括搜集与评价目标相关的指标数据、对数据进行预处理、探索性因子分析或验证性因子分析、因子载荷矩阵解释、因子得分计算与计算综合得分。

实证研究过程中将因子分析与评价相结合的应用研究居多，如付加锋等（2023）运用因子分析法对2008~2017年我国30个省域的面板数据进行计算，求解各地区的因子综合得分及排序，将每年因子综合得分的最大值、最小值作为TOPSIS综合评价法的理想解和负理想解，计算各地区因子综合得分与理想解的贴近度，以此评价各地区的碳达峰能力；锁箭等（2023）通过发展绩效、发展态势两个维度对我国36个地区的高新技术企业发展进行综合评价，并将聚类后的矩阵构建成一个新的综合评价模型，提出动态发展因子评价发展态势以刻画评价对象发展趋势和潜力，该模型相较于经典单维度静态绩效评结论更加全面；朱世琴等（2023）从用户行为视角出发，采用因子分析法和CRITIC客观赋权法，构建了由信息极化、群体极化和认知极化3个一级指标、14个二级指标构成的信息困境评价指标体系，并以高校学生为例进行了实证分析，结果显示评价指标体系具有较高的可靠性。

2.2.4 情感分析与评价

情感分析是随着互联网发展而产生的计算机科学技术名词，是判定文本中观点持有者对产品、组织、个人、事件等所表现出的态度或情绪倾向性的过程、技术和方法。情感分析是非常重要的文本挖掘技术，分析流程有自定义爬虫抓取文本信息、使用分词工具进行分词及词性标注、定义情感词典提取情感词、构建情感矩阵、计算情感分析、分析结果。情感分析在产品评论分析、社交媒体监控、市场调研等领域有广泛应用，但也面临语境依赖性和新词处理等挑战。

情感分析词典是情感分析的核心工具，通过提供词语的情感极性和强度信息，支持文本情感倾向的识别和量化。情感分析词典通常包含词语、情感极性、情感强度和情感类别。常用的情感分析词典有：（1）英文词典：AFINN，包含 2477 个英语单词，每个单词的情感得分范围为 -5（极端负面）~ +5（极端正面），适用于简单的情感分析任务；SentiWordNet，基于 WordNet 的词典，为每个同义词集（Synset）提供正面、负面和客观性得分，适用于更细粒度的情感分析；VADER（Valence Aware Dictionary and sEntiment Reasoner），专门针对社交媒体文本设计，包含约 7500 个词汇，支持表情符号和缩写的情感分析，适用于短文本和社交媒体数据。（2）中文词典：知网（Hownet）情感词典，包含中文词语及其情感极性（正面、负面）和情感类别（如喜好、愤怒、悲伤），适用于中文文本的情感分析；BosonNLP 情感词典，基于社交媒体数据构建，包含大量网络用语和新词，适用于社交媒体和网络文本的情感分析；清华大学中文情感词典，包含中文词语及其情感极性和强度，适用于学术研究和实际应用。（3）多语言词典：MPQA 主观性词典，包含英语词汇及其主观性标注（主观或客观）和情感极性，适用于跨语言情感分析；NRC 情感词典，包含多种语言的词汇及其情感类别（如快乐、悲伤、愤怒）和情感极性，适用于多语言情感分析。

情感分析主要应用于电子商务领域中产品对应的消费者评价分析，以便判断消费者对所购商品的评价并指定相关的评价语，如"喜欢""中立""不喜欢"等，进而便于指定相应的策略。如江亿平等（2022）提出融合边缘采样与协同训练的鲜果销售在线评论情感分析方法，构建融入在线评论情感分析的鲜果动态定价模型，分析零售商最优定价决策；庞庆华等（2022）将情感分析和关键词抽取相结合，提出基于 BiGRU-CNN 和 TextRank 的在线评论负面关键词抽取方法，可较准确地判别客户负面在线评论情感倾向，并帮助商家完善产品质量和服务。

后期随着自媒体的兴起，情感分析技术也广泛应用于识别因果识别、挖掘话题价值等舆情分析领域。有学者研究公众 Twitter 上发布的与非同质化代币相关的文本情绪，此外还进行了二级市场分析，通过情感分析来确定非同质化代币越来越被接受的原因（Qian C.，Mathur N.，Zakaria N. H.，et al.，2022）；也有研究通过爬取微博上与气候变化相关的博文，结合双向长短期记忆（BiLSTM）文本情感分类模型和 LDA 主题模型，讨论了博文的时空差异分析、公众关注度、热点话题和对气候变化的情感取向（Wu M.，Long R.，Chen F.，et al.，2023）。近年来，情感分析与其他领域也有交叉研究，如将情感分析与物理学结合，引入了量子理论中的密度矩阵，将自然语言中最小的常识语义单位义原作为外部知识库，建立一个基于语义的密度矩阵，产生了更高质量的文本表示，有效地提高了模型在中文隐式情感分析中的性能（Wang H.，Hou M.，2023）。

2.2.5　随机模拟与评价

随机模拟又称蒙特卡罗法或统计试验法，由威勒蒙和冯纽曼于 20 世纪 40 年代首先提出。概率与统计理论是随机模拟的基础，系统分析时可先构造一个与该系统相似的模型（编制模拟程序），通过在模型上进行反复数值实验和检验以研究原模型的相关状态。现实生活中很多问题存在随机性因素或较难用数学模型来表示，此时使用计算机进行随机模拟是一种比较有效的方法。随机模拟方法因其具备信度高、效度高、预测性强的特点，已在地质学、石油天然气工业、水利水电工程、经济管理、建筑学等领域广泛应用并产生一定的经济效益（范聪慧，殷水清，李志，2023；赵为民，李光龙，2023；付晓刚，唐仲华，吕文斌，王小明，闫佰忠，2018；Asmussen S.，Glynn P. W.，2007；Messaoud E.，2023；Kardakaris K.，Dimitriadis P.，Iliopoulou T.，et al.，2023）。

随机模拟的基本步骤包括：（1）定义问题，确定模拟的目标，如估计某个变量的期望值、评估风险或优化决策，明确需要模拟的系统或过程的范围和边界。（2）建立模型，选择模型类型，根据问题特点选择合适的模型，如蒙特卡洛模拟、马尔可夫链、排队模型等。确定模型中的输入变量（如随机变量）和参数（如分布参数）。描述变量之间的关系，如数学方程、逻辑规则或概率分布。(3)生成随机数，使用伪随机数生成器（如线性同余法）或真随机数生成器，根据变量的概率分布生成随机样本，如均匀分布、正态分布、泊松分布等。(4)运行模拟，设置模拟的初始条件，如初始状态、初始时间等，根据模型规则和随机样本进行迭代计算，生成模拟结果，在每次迭代中记录关键变量的值。(5)分析结果，对模拟结果进行统计分析，如计算均值、方差、分位数等，使用图表（如直方图、散点图）展示模拟结果，帮助理解数据分布和趋势，通过比较模拟结果与实际数据或理论值，验证模型的准确性。

数据是综合评价的基石，面向较难重现或刻画的综合评价问题，采用随机模拟方法构建新的评价算法并进行验证是现阶段的研究热点之一。如易平涛等（2009）认为，传统综合评价绝对的结论形式阻碍了理论对实际问题本质的贴近，是产生"多评价结论非一致性"问题的重要原因，据此提出了一种基于仿真思想的随机模拟型综合评价求解算法；随后李伟伟等（2013）运用随机模拟方法从混合数据形式的视角对密度算子进行拓展研究，构建一种将混合数据转化为区间数的方法，运用随机数发生器给出区间上某分布的随机数信息，并对其进行聚类，最后得到带有概率信息的评价结论；王露等（2023）进一步针对综合评价中多源不确定信息共存的问题，对其按信息类别进行分类整合，构建多源不确定信息集成框架，再将各类别的多源不确定信息转化为统一范围内，通过模拟仿真对信息集成框架进行求解，基于回归树的方法得到被评价对象的可能性排序，拓展了综合评价的实际应用范围。

2.2.6 组态分析与评价

组态分析是一种研究方法，旨在通过识别和分析不同变量或因素的组合模式，解释复杂现象或结果。组态分析的理论基础主要来源于集合论与布尔代数（通过逻辑运算分析变量组合）、复杂性理论（强调多重因果路径和变量之间的非线性关系）、定性比较分析（QCA）。其中，QCA由适用于二分变量的清晰集QCA（csQCA）、适用于连续变量或模糊条件的模糊集 QCA（fsQCA）、适用于多分类变量的多值 QCA（mvQCA）组成。组态分析的核心概念有组态、因果复杂性、等效性、必要性条件与充分条件。其中，组态指多个条件变量的特定组合，这些组合共同导致某种结果；因果复杂性强调结果可能由多种不同的变量组合引起；等效性是指不同的组态可能导致相同的结果；必要性条件与充分条件代表分析某些条件是否结果发生的必要条件或充分条件。

在管理学与组织研究领域（研究组织绩效、创新能力和战略选择的组态模式，分析领导风格、组织文化和环境因素的组合对组织成功的影响）、创新与技术管理领域（探讨技术创新、研发投入和市场环境的组态对创新绩效的影响。研究企业数字化转型的驱动因素）、社会学与政策研究（分析社会不平等、教育政策和公共服务的组态效应，研究不同政策组合对社会问题的影响）、市场营销与消费者行为领域（研究消费者偏好、品牌忠诚度和市场策略的组态关系。分析市场细分和消费者决策的复杂性）组态研究均有广泛应用。组态分析优势有能够处理复杂因果关系和多重因果路径、结合了定性和定量研究的优点、适用于中小样本书，弥补了传统统计方法的不足。但也有诸如对数据质量要求较高，尤其是 QCA 方法，结果解释可能受到研究者主观性的影响，难以处理动态变化和时序数据等局限性。

本书用到的 FsQCA 方法基于因果关系是复杂的假设，同一结果可能由多种条件组合（即"路径"）导致，强调"多重并发因果关系"，即不同条件组合可能导致相同结果。与传统 QCA 分析方法不同，FsQCA 引入模糊集，允许条件或结果在 0~1 连续取值，表示不同程度的隶属关系。其基本步骤包括：（1）确定研究问题：明确研究目标和核心变量（条件变量和结果变量）；（2）数据校准：将原始数据转换为模糊集隶属分数（0~1）；（3）构建真值表：列出所有可能的条件组合（组态），计算每个组态的案例数量和一致性分数；（4）一致性分析：计算条件组合的一致性，衡量组态对结果的解释力；（5）必要性分析：检验该条件是否为结果的必要条件；（6）充分性分析：检验条件组合是否为结果的充分条件，生成解释路径；（7）结果解释：解释生成的组态路径，结合案例背景进行深入分析。

FsQCA 和综合评价方法分别代表了定性研究和定量研究的两种重要范

式。将两者结合，可以充分发挥各自的优势，弥补单一方法的不足。这种结合方法不仅增强了研究的解释力和稳健性，还能更好地处理复杂因果关系，适合政策评估、企业绩效研究、社会问题研究等多个领域。通过综合运用定性和定量方法，研究者可以获得更全面、深入的研究成果。

2.3 应用研究层面

当前，中国进入全面深化改革新时期，党的十九大报告首次提出高质量发展的新表述，表明中国经济由高速增长阶段转向高质量发展阶段。2018年国务院政府工作报告提出的深度推进供给侧结构性改革等九个方面的部署，都围绕着高质量发展。2019年12月，新冠疫情的暴发打断了国家、地区、组织以及个人的正常规划，世界多国受到不同程度的影响，付出的经济损失不可估量，此事件凸显出生态安全管理的重要意义。党的二十大报告指出，"高质量发展是全面建设社会主义现代化国家的首要任务"，并将其作为中国式现代化的本质要求之一。有效的测度是正确管理的前提，为此本书提出"区域可持续发展评价"这项研究内容。

城市可持续发展涉及城市生态子系统与社会子系统、经济子系统的交互作用，具有范围广、数据量大、层级多等特点，是一个典型的复杂评价问题。在评价的过程中为兼顾公平性和民主性原则，需要多个评价者或大规模群体的参与，因此将会涉及评价主体行为数据的"流入"；与此同时，对城市可持续发展进行评价的目的，一方面是测度其发展质量，另一方面是为了促进其有序提升，评价客体行为数据的"流出"也是评价的重要环节。可持续发展评价的理论基础主要来源于以下几个方面：（1）可持续发展理论：由布伦特兰报告（1987年）提出，强调满足当代需求的同时不损害后代满足其需求的能力；（2）三重底线理论：强调经济、社会和环境三个维度的平衡；（3）系统理论：将可持续发展视为一个复杂系统，强调各子系统之间的相互作用。

城市可持续性是国家乃至全世界实现可持续发展的重要组成部分（Abu-Rayash A.，Dincer I.，2021；Azunre G. A.，Amponsah O.，Takyi S.

A., et al., 2021)。可持续发展战略的实施有利于促进生态效益、经济效益和社会效益的统一 (Zhou Y., Li W., Yi P., et al., 2019),它可以进一步提高公众的生活质量和幸福感。因此,相关研究在许多领域流行起来,如智慧城市、水可持续性、建筑可持续性、低碳城市、可持续性评价等 (Artmann M., Sartison K., Vávra J., 2020; Da Silva L., Prietto P. D. M., Korf E. P., 2019; Eslamian S. A., Li S. S., Haghighat F., 2016)。其中,城市可持续性评价的研究不仅可以衡量城市现状,还可以为城市决策者提供参考。一般而言,相关研究可以分为三类,即指标选择、加权方法、信息集结。

指标选择是可持续性评价的第一步。因此,指标系统的准确性对评价结论有很大影响 (Afgan N. H., da Graça Carvalho M., Afgan N. H., et al., 2000; Chaudhary A., Gustafson D., Mathys A., 2018)。在现有的城市可持续性评价研究中,主要采用三支柱模型 (Li W., Yi P., 2020; Elkington J., 1998) 构建指标体系,即从社会、经济和环境系统中选择指标,构建城市可持续性指标体系。在此基础上,因各国、各省、各城市可获取的指标变量实际存在一定差异,可能存在滞后性或者缺失问题,可根据被评价城市的实际情况选择具体指标 (Chen Y., Zhang D., 2021; Li W., Yi P., Zhang D., 2021),如指标的可获取性、可用性和代表性。此外,应对指标数据进行查询和预处理。

指标加权法可分为三类:主观赋权法、客观赋权法和主客观赋权法。主观赋权法反映了利益相关者在城市可持续性评价过程中的意愿和态度或者专家的专业判断,如通过建立递阶层次结构将专家判断转化为指标两两之间重要度比较的层次分析法 (AHP) (Saaty T. L., 2003; Yildiz D., Temur G. T., Beskese A., et al., 2020),对专家意见进行整理、归纳、统计、反馈、再集中、再反馈,直至得到一致意见的德尔菲法等 (Khorramshahgol R., Moustakis V. S., 1988)。客观赋权法通过系统分析数据的分布结构来确定指标的权重,如基于指标的对比强度和指标之间的冲突性来综合衡量指标权重的 CRITIC 法 (Wu H. W., Zhen J., Zhang J., 2020)、根据信息熵原理中的熵值计算各指标权重的熵值法 (Cheng W., Xi H., Sindikubwabo C., et al., 2020)、通过确定各项指标的正理想解权重和负理想解权重计算各评价对象与这两个理想解之间的距离 TOPSIS 法（Wang Y., Wen Z., Li H., 2020）等。因主观赋权法权重值主观性较强，而客观赋权法并不一定能与实际问题结合，部分专家提出主客观赋权法，主客观加权法是将主观加权法与客观加权法相结合，同时考虑了评价过程中的主客观需求。

使用加权算术平均（WAA）算子、加权几何平均（WGA）算子、有序加权平均（OWA）算子或其他算子汇总指标数据和权重，可得到相应的评价值（He Y., Chen H., Zhou L., et al., 2014；Zhou Y., Li W., Yi P., et al., 2019）。由于 WAA 算子有效和全面地评估了替代方案的状态，因此它通常用于城市可持续性评价。此外，可以对城市可持续性评价结果进行分析并提出建议（Ren J., Liang H., Chan F. T. S., 2017；Reza B., Sadiq R., Hewage K., 2011）。

目前可持续发展评价存在的挑战与局限性主要集中于以下几个方面：（1）数据问题：数据获取困难，尤其是社会和环境数据。数据质量参差不齐，影响评价结果的准确性。（2）方法问题：指标选择与权重确定存在主观性。不同方法的结果可能存在差异，难以统一。（3）动态性与复杂性：可持续发展是一个动态过程，静态评价难以全面反映。经济、社会和环境系统的复杂性增加了评价难度。（4）区域差异：不同地区的自然条件、经济水平和社会文化差异较大，难以采用统一标准。

2.4 文献评述

近 20 年来，群体评价的相关理论、方法及应用研究整体呈现上升趋势，侧面反映出社会对于群体评价研究关注程度和实际需求的持续提升。就国内外学术论文数量而言，国外群体评价论文数量较国内更多且差距较大。国外与国内论文的相对差距从 2000 年的 165 倍降低到 2019 年的 50 倍，整体差距呈现下降趋势。国内理论方面的研究相对于应用研究而言数量较少；国外应用研究的数量相对理论研究则较多。

上述研究成果的不完全归类在一定程度上代表了群体评价的主要研究

内容，归纳汇总后可知：一方面已有研究分别从不同方面对群体评价的理论、方法及应用体系进行了丰富与拓展，在促进群体评价领域发展的同时为本研究的开展提供了夯实的理论支撑与经验启示；另一方面已有研究多集中在群体数据信息的有效融合方面，而较少关注评价过程中存在的主客体"行为"。

上述方法能够对客体的发展起到一定的引导作用，但较少考虑实际评价过程中隐藏的主客体行为数据（由主体行为数据与客体行为数据共同组成，主体行为数据是指评价主体"输出"的可体现其行为倾向的数据；客体行为数据为评价需求者向评价客体"输入"的诱导其向着既定行为发展的数据）。在自主式评价领域已有学者运用随机模拟的方法求解带有少量偏好信息的综合评价问题，得到概率形式的评价结论，但在群体评价过程中，评价需求者可能更需要得到数值形式的评价结论。考虑到行为诱导规则往往被隐藏于较为复杂的激励模型中，因而使得客体对主体的行为诱导感知相对模糊，虽然个别研究从评价结论数据出发，为评价客体选取了标杆学习对象（周莹，郭亚军，易平涛，李东涵，2015），但并未兼顾评价主体行为数据隐藏的信息，无法据此制定支撑各客体发展的具体方案。

考虑到主体在不同情境下会产生不同的行为且行为数据较难分别量化，为便于各评价情境下主体行为的获取与行为数据分析，本书拟借鉴心理学领域已验证的若干实验结论对群体评价情境进行分类，归纳易导致群体评价结论偏差的行为偏好数据、情感数据和冗余数据。实际上，进行评价的目的一方面是为了得到较为客观的评价结论；另一方面是为了督促各客体实现长效发展，如个人、组织、社会的绩效评价等。已有研究大多止于评价结论的生成环节，较少考虑评价客体如何有效地利用已有数据进行自我完善与提升。与此同时，实际可持续发展应用相比传统综合评价方法更为复杂，涉及混合评价信息的集结、主体意见不一致等现象，为客体直接从评价结论中获取提升策略带来了很大的难度。据此，本书拟对已提炼的初始评价信息、辅助评价信息和主体行为数据进行深度分析，为各客体分别提供相应的发展策略并运用行为实验方式验证行为引导模型的可行性。旨在实现从已有数据向客体行为引导数据的转化，即通过模拟的方式为各客体提供未来发展所需实现不同等级目标对应的行为数据。

2.5 本章小结

本书将相关概念与对应的文献大致划分为基础研究、拓展研究、应用研究三个层面展开论述。其中，基础研究部分对群体评价的概念与相关文献进行阐述，将群体评价研究大致划分为群体偏好表达方式研究、多方参与主体共同利益研究、大规模群体参与研究、其他类型的群体评价研究四个类别。进而分析了综合评价领域中涉及行为的相关研究。拓展研究层面分别介绍了偏好行为、情感行为、因子分析、情感分析、随机模拟的相关概念，并进一步阐述综合评价领域中涉及这些因素的相关研究。应用研究层面针对可持续发展与评价相关的文献进行了简单介绍。本章最后对上述文献进行了评述。

第 3 章　主体偏好数据的协同改进

3.1　引　　言

已有研究大多基于群体成员的偏好表达方式、共同利益达成等视角对提高群体评价结果满意程度和置信度等方面展开研究,并对方案的优劣大小进行评分和排序比较。群体评价中不同类型的评价者提供的主观评价信息通常存在一定的差异,即客观差异(经验、知识、背景不同导致的评分差异)与主观差异(心理行为不同引发的评分差异)。以心理行为中的偏好行为数据(心理阈值)差异为例,严厉型的评价者评分相对较低、宽厚型的评价者评分相对较高,当两位评价者话语权相同时,评分相对较高的评价者意见将占据主导地位,这种差异可能会降低评价结论的可靠性和公平性。

随着行为决策研究的日趋完善,在群体评价过程中融入群体心理行为显得尤为重要。心理阈值是心理行为研究的重要组成部分,其定义为:刚刚能够引起感觉或觉察差别的最小刺激量即能够引起心理质变的临界点,例如,针对绩效表现非常优异的被评价对象,宽厚型的评价者给出的分数为 95~100 分(心理阈值上限接近 100 分);而严厉型的评价者给出的分数为 90~95 分(心理阈值上限接近 95 分)。完全消除心理阈值对主观评价数据的影响是不可实现的,因此应当采用协同的方式降低心理阈值对群体评价数据真实性的影响。已有研究需要群体评价者提供主观心理阈值(由评价者提供他们认为表现"拙劣""一般""优异"的被评价对象的评分值上下限,即由群体评价者自主提供他们的心理阈值)数据,然而主观心理阈值数据有时较难获取且较难量化。鉴于此，面向存在心理阈值的群体评价问题，有必要对可降低心理阈值差异对评价值真实性影响的客观心理阈值（无需群体评价者提供主观心理阈值数据，而是直接对评价者评分数据上下限进行分析，将其作为心理阈值的贴近区间）协同方法展开更为深入的研究。

本书提出一种心理阈值协同视角下的群体评价数据优化方法，基本思想是通过客观心理阈值贴近区间的局部和全局协同方式优化原始数据，并运用随机模拟方法生成和比较虚拟真实值与主观评价信息、协同评价信息之间的差异，确定稳定性和趋近真实值优胜值、稳定性和趋近真实值优胜度的大小，进而验证本书方法的有效性和可行性。该方法探讨是群体评价与心理阈值领域的一个新尝试，研究开展前需界定研究假设，即群体评价者提供的评价数据已经过理性分析（不含评价者个人感情），评价数据之间的差异仅由群体评价者客观差异和心理阈值主观差异引起。

基于此，本书需要解决的核心问题有：（1）阐述群体评价者心理阈值客观协同的内涵与数据优化方法；（2）分别采用三种毕达哥拉斯平均信息集结算子，对比本书方法与传统方法之间的差异，选取与本书方法更为匹配的信息集结算子并论证本书方法的有效性；（3）分析情景改变时最终评价结果将发生何种变化，据此为评价相关者提供制定评价流程的依据。

3.2 模型构建与有效性测度

群体评价中，记 $S = \{s_1, s_2, \cdots, s_l\}$ 为群体评价者集，$O = \{o_1, o_2, \cdots, o_n\}$ 为被评价对象集。x_i^k 为评价者 $s_k(k=1, 2, \cdots, l)$ 对被评价对象 $o_i(i=1, 2, \cdots, n)$ 的主观评分，本书提供的数据优化方法可同时协同其他类型的群体主观评价信息（指标值评分、指标权重评分）的评价者心理阈值差异，为简化问题描述，统一用 x_i^k 表示评价者提供的主观数据信息。群体评价者对被评价对象的多个指标进行主观评分时，往往存在不同的心理阈值，如 s_1 习惯给出的评分范围是 [50, 90]、s_2 习惯给出的评分范围是 [50, 100]。当两者话语权相同的情况下，对 o_1、o_2 两个被评价对象进行评分，若两者意见相悖，s_1 认为 o_1 优于 o_2、s_2 认为 o_1 劣于 o_2，因 s_1 的评分范围小于 s_2 的评分范围，设 $x_1^1 = 90$、$x_2^1 = 80$、$x_1^2 = 85$、$x_2^2 = 100$，那么 o_1、o_2 的综合评分值分别为 87.5 和 90，即 o_1 劣于 o_2，与 s_2 的判断一致，这种现象说明 s_2 相对于 s_1 占了主导的地位，这种差异可能会减少被评价对象最终评价结果的可靠性。同理，群体评价者对指标权重进行打分赋权时，也可能会出现此类问题。因此，在群体评分过程中，将群体的心理阈值进行客观量化并对其进行协同调整，从某种程度上会减少群体主观心理作用对评价结果产生的影响。

3.2.1 模型构建

本书群体评价数据优化模型的构建思路是以群体评价者全局心理阈值为标杆，采用线性平移变换的方法分别转换评价者局部心理阈值，使所有评价者心理阈值区间与主观评价数据在相同范围内波动。线性平移变换可使得局部评价数据波动范围与全局心理阈值贴近区间一致，与此同时，主观评分的内在结构和排序并不会因此发生改变，具体如下。

定义 3.1：当无法直接询问获取评价者心理阈值或直接获取的心理阈值可能存在不确定性时，可通过群体提供的主观评价信息确定心理阈值的贴近值，称 $[x_a^k, x_b^k]$ 为局部心理阈值贴近区间，即评价者 s_k 关于某一群体评价问题给出的最高分和最低分的心理阈值贴近区间，其中 $x_a^k = \min x_i^k (i = 1, 2, \cdots, n)$、$x_b^k = \max x_i^k (i = 1, 2, \cdots, n)$。

定义 3.2：面向某一群体评价问题，称 $[x_a, x_b]$ 为全局心理阈值贴近区间，即所有评价者心理阈值贴近区间的汇总区间，其中 $x_a = \min x_a^k (k = 1, 2, \cdots, l)$、$x_b = \max x_i^k (k = 1, 2, \cdots, l)$。

定义 3.3：协同评价信息是指运用客观方法优化后的评价者主观评价数据，该评价数据波动范围与群体评价者全局心理阈值贴近区间一致，但其内在结构（排序）并未发生改变，协同评价信息 $\tilde{x}_i^k$ 的计算公式为：

$$\tilde{x}_i^k = \frac{(x_b - x_a)(x_i^k - x_a^k)}{x_b^k - x_a^k} + x_a \tag{3.1}$$

协同评价信息确定后，可对群体评价信息进行集结。群体信息集结的方式有多种，较为常见的是毕达哥拉斯平均（算术平均数 AA、几何平均数 GA 及调和平均数 HA 这三种平均数算子的总称），本书将选取其中的算术平均数进行集结，算子选取原因将在模型检验部分进行说明，即由定义 3.1～定义 3.3 得到各评价对象的群体评价值为 $\tilde{y}_i = \sum_{k=1}^{k=l} \tilde{x}_i^k / l$。

3.2.2 有效性测度

为验证本书方法的有效性，可运用模拟仿真方式生成虚拟真实值，并分别对其进行随机扰动和心理阈值限制，获取融入心理阈值的主观评价信息和协同评价信息。通过对比主观评价信息、协同评价信息与真实值的差异，可测度本书方法的有效性。

定义 3.4：设被评价对象 o_i 的群体信息真实值为 $y_{i(\lambda)}$，对于信息集结算子 $\Theta(AA、GA、HA)$，第 λ 次仿真集结后被评价对象 o_i 的主观评价信息为 $y_{i(\lambda)}^{\Theta}$、协同评价信息为 $\tilde{y}_{i(\lambda)}^{\Theta}$，称 $\alpha_{i(\lambda)}^{\Theta} = y_{i(\lambda)} - y_{i(\lambda)}^{\Theta}$ 为局部主观评价值误差、$\tilde{\alpha}_{i(\lambda)}^{\Theta} = y_{i(\lambda)} - \tilde{y}_{i(\lambda)}^{\Theta}$ 为局部协同评价值误差。

定义 3.5：当仿真模拟次数为 λ 时，分别分析每次模拟对应的所有局部主观评价值误差和所有局部协同评价值误差之间的数据离散程度，可确定两种方法的稳定性，称：

$$\sigma_{(\lambda)}^{\Theta} = \sqrt{\frac{\sum_{i=1}^{i=n}\left(\alpha_{i(\lambda)}^{\Theta} - \sum_{i=1}^{i=n} \alpha_{i(\lambda)}^{\Theta}/n\right)}{n-1}} \quad (3.2)$$

$$\tilde{\sigma}_{(\lambda)}^{\Theta} = \sqrt{\frac{\sum_{i=1}^{i=n}\left(\tilde{\alpha}_{i(\lambda)}^{\Theta} - \sum_{i=1}^{i=n} \tilde{\alpha}_{i(\lambda)}^{\Theta}/n\right)}{n-1}} \quad (3.3)$$

$\sigma_{(\lambda)}^{\Theta}$、$\tilde{\sigma}_{(\lambda)}^{\Theta}$ 分别为全局主观评价值误差震动幅度和全局协同评价值误差震动幅度，震动幅度越小，则说明方法越稳定。称 $\sigma_{(\lambda)}^{\Theta} - \tilde{\sigma}_{(\lambda)}^{\Theta}$ 为稳定性优胜值，优胜值越大，说明本书方法越有效；反之亦然。

定义 3.6：分别分析模拟次数为 λ 时所有局部主观评价值误差和所有局部协同评价值误差的绝对值加和，可确定两种方法的全局绝对误差，称：

$$d_{(\lambda)}^{\Theta} = \sum_{i=1}^{i=n} |\alpha_{i(\lambda)}^{\Theta}| \quad (3.4)$$

$$\tilde{d}_{(\lambda)}^{\Theta} = \sum_{i=1}^{i=n} |\tilde{\alpha}_{i(\lambda)}^{\Theta}| \quad (3.5)$$

$d_{(\lambda)}^{\Theta}$、$\tilde{d}_{(\lambda)}^{\Theta}$分别为全局主观评价值绝对误差和全局协同评价值绝对误差，绝对误差越小，则说明方法越趋近真值。称$d_{(\lambda)}^{\Theta} - \tilde{d}_{(\lambda)}^{\Theta}$为趋近真值优胜值，优胜值越大，说明本书方法越有效；反之亦然。

定义 3.7：当总仿真次数为λ'时，称：

$$\sigma^{\Theta} = \sum_{\lambda=1}^{\lambda'} \hat{\sigma}_{(\lambda)}^{\Theta}/\lambda' \quad (3.6)$$

$$d^{\Theta} = \sum_{\lambda=1}^{\lambda'} \hat{d}_{(\lambda)}^{\Theta}/\lambda' \quad (3.7)$$

σ^{Θ}、d^{Θ}分别为心理阈值协同方法稳定性优胜度和趋近真值优胜度。其中，当$\sigma_{(\lambda)}^{\Theta} > \tilde{\sigma}_{(\lambda)}^{\Theta}$或$d_{(\lambda)}^{\Theta} > \tilde{d}_{(\lambda)}^{\Theta}$时，说明本书方法优于传统方法，可令$\hat{\sigma}_{(\lambda)}^{\Theta} = 1$、$\hat{d}_{(\lambda)}^{\Theta} = 1$；当$\sigma_{(\lambda)}^{\Theta} = \tilde{\sigma}_{(\lambda)}^{\Theta}$或$d_{(\lambda)}^{\Theta} = \tilde{d}_{(\lambda)}^{\Theta}$时，说明本书方法等同于传统方法，可令$\hat{\sigma}_{(\lambda)}^{\Theta} = 0.5$、$\hat{d}_{(\lambda)}^{\Theta} = 0.5$；当$\sigma_{(\lambda)}^{\Theta} < \tilde{\sigma}_{(\lambda)}^{\Theta}$或$d_{(\lambda)}^{\Theta} < \tilde{d}_{(\lambda)}^{\Theta}$时，说明本书方法劣于传统方法，可令$\hat{\sigma}_{(\lambda)}^{\Theta} = 0$、$\hat{d}_{(\lambda)}^{\Theta} = 0$。综上所述，$\sigma^{\Theta}$、$d^{\Theta}$越接近100%，则说明本书方法越有效；当优胜度为50%时，说明协同前后有效性相等；当优胜度贴近0%时，说明本书方法无效。

3.3 模型检验与情景分析

融入心理阈值的群体评价数据优化方法的稳定性与趋近真值性不能以某一次随机模拟的测度值来衡量，而应在多次模拟取样中测度趋于平稳状态的有效性数据。基于此，本书采用随机模拟方式进行模型的检验，同时考虑到实际群体评价问题的具体情景可能存在一定的差异，为引导评价相关者结合具体情景与预测结果制定更为科学的评价流程，本书总结归纳可导致心理阈值协同方法优胜值与优胜度变化的四类情景展开分析。

模型检验与情景分析构建思路如图 3.1 所示,通过相关的评价参数设置,随机模拟生成群体评分的虚拟真实值,考虑到不同评价者之间可能存在一定的认知偏差,对生成的虚拟真实值进行评分随机扰动,进一步将评价者心理阈值差异融入上述数据,生成模拟的随机群体评价数据。

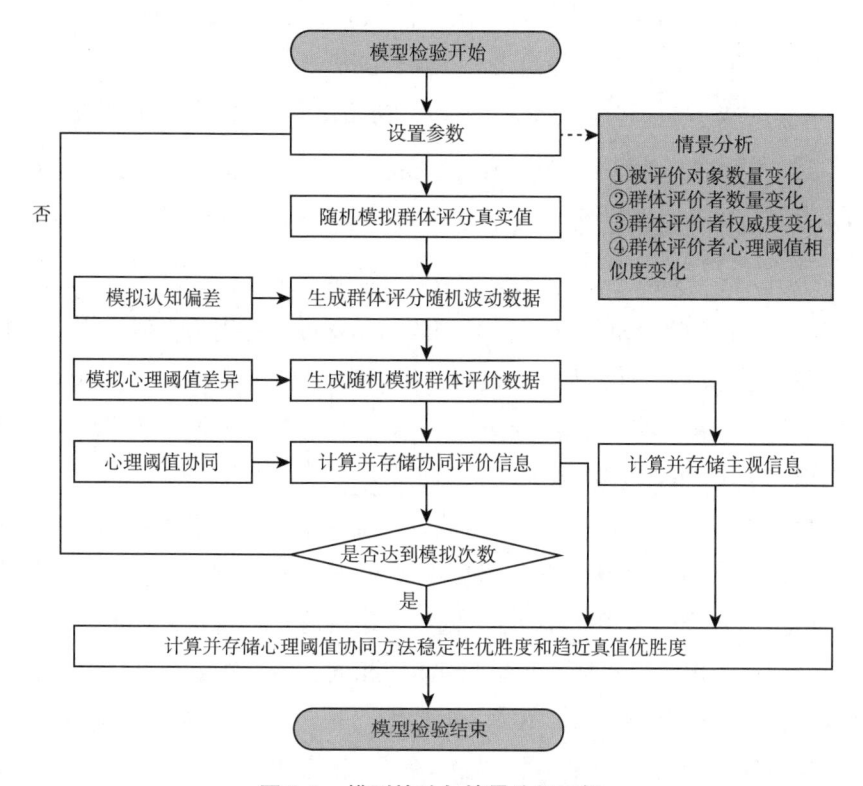

图 3.1 模型检验与情景分析逻辑

分别用传统方法与本书方法对上述随机模拟群体评价数据进行集结得到相应的主观评价信息与协同评价信息,重复上述模拟过程直至达到事先约定的模拟次数,通过分别比较主观评价信息、协同评价信息与真实值信息之间的差异可得到心理阈值协同方法稳定性优胜度与趋近真值优胜度矩阵。此外,在其他参数不变的前提下,分别改变被评价对象数量、群体评价者数量、群体评价者权威度、群体评价者心理阈值相似度参数,可进一步分析不同情景下本书方法的优胜值与优胜度。

3.3.1 模型检验

下面给出本书方法有效性测度的 R 语言仿真策略步骤：

步骤1：初始化被评价对象个数即主观评价数据数量 $n \leftarrow n'$，群体评价者数量 $k \leftarrow k'$，真实值的下限值 $\min.real \leftarrow x_i^-$ 和上限值 $\max.real \leftarrow x_i^+$。给定评价者评分随机波动的下限和上限取值区间分别为 [$k.error1$, $k.error2$] 和 [$k.error3$, $k.error4$]，评价者心理阈值随机波动的下限和上限区间分别为 [$k.pt1$, $k.pt2$] 和 [$k.pt3$, $k.pt4$]；初始化真实值 $y_{i(\lambda)}$ 对应的矩阵 $data.real$、主观评价信息 x_i^k 对应的矩阵 $data.k$、协同评价信息 $\tilde{x}_i^k$ 对应的矩阵 $data.ck$。对于信息集结算子 Θ（AA、GA、HA），主观评价信息 $y_{i(\lambda)}^{\Theta}$ 对应矩阵 $data.k.AA$、$data.k.GA$、$data.k.HA$；协同评价信息 $\tilde{y}_{i(\lambda)}^{\Theta}$ 对应矩阵 $data.AA$、$data.GA$、$data.HA$。上述矩阵初始化设置分别为空值矩阵，行数为循环次数 $count$，列数为 n'；设置外循环次数 $count \leftarrow count'$，$count=1$ 对应的是第一次仿真模拟结果，$count=2$ 输出的是第二次仿真模拟结果，以此类推，直至仿真模拟次数为 $count'$。

步骤2：随机生成一组真实值数据 $y_{i(\lambda)} \in [x_i^-, x_i^+]$，并存储到矩阵 $data.real$ 的 $count$ 行。内循环仿真次数为 $k \leftarrow k'$，分别围绕各被评价对象的真实值生成 n' 个群体评价者的评分随机波动数据 $\dot{x}_i^k$（随机波动数据模拟评价者理性认知偏差，此时评价者心理阈值相同，不存在个别打分偏高和偏低的现象），最小值在 [$y_{i(\lambda)}*k.error1$, $y_{i(\lambda)}*k.error2$] 范围内随机生成、最大值在 [$y_{i(\lambda)}*k.error3$, $y_{i(\lambda)}*k.error4$] 范围内随机生成。考虑到评分值通常具备给定的最大值和最小值限制，因此，当 $\dot{x}_i^k$ 小于 x_i^- 时，令随机波动数据等于 x_i^-；反之，当其大于 x_i^+ 时，令随机波动数据等于 x_i^+。

步骤3：为 $\dot{x}_i^k$ 设置随机模拟心理阈值，内循环仿真次数为 $k \leftarrow k'$，从 [$k.pt1$, $k.pt2$] 和 [$k.pt3$, $k.pt4$] 分别随机生成 1 个随机数，组成评价者 k 的心理阈值取值区间 [$\min k.pt$, $\max k.pt$]，模仿评价者的真实心理活动将评分限定在上述范围内，即令 $x_i^k = (\dot{x}_i^k - x_i^-)(\max k.pt - \min k.pt)/(x_i^+ - x_i^-) + \min k.pt$，并将其存储到矩阵 $data.k$ 的 $count$ 行。

步骤4：内循环仿真次数为 $k \leftarrow k'$，运用定义 3.1～定义 3.3 的内容对含有心理阈值的评价信息 x_i^k 进行协同，得到协同评价信息 $\tilde{x}_i^k$，并将其存储到矩阵 $data.ck$ 的 $count$ 行。

步骤5：$count \leftarrow count+1$ 返回步骤1，若 $count$ 等于设置的模拟次数，则进入步骤6。

步骤6：分别运用 AA、GA、HA 算子集结 k 位评价者的评价信息 $data.k$，并将其存储到矩阵 $data.k.AA$、$data.k.GA$、$data.k.HA$ 的 $count$ 行；分别运用 AA、GA、HA 算子集结协同后的 k 位评价者的评价信息 $data.ck$，并将其存储到矩阵 $data.ck.AA$、$data.ck.GA$、$data.ck.HA$ 的 $count$ 行。结合式（3.2）~式（3.5）计算与存储全局主观评价值误差震动幅度（矩阵 $data.real$ 分别与 $data.k.AA$、$data.k.GA$、$data.k.HA$ 对应位置数据差值的行标准差）、全局协同评价值误差震动幅度（矩阵 $data.real$ 分别与 $data.ck.AA$、$data.ck.GA$、$data.ck.HA$ 对应位置数据差值的行标准差）、全局主观评价值绝对误差（矩阵 $data.real$ 分别与 $data.k.AA$、$data.k.GA$、$data.k.HA$ 对应位置数据差值的绝对值每行之和）和全局协同评价值绝对误差（矩阵 $data.real$ 分别与 $data.ck.AA$、$data.ck.GA$、$data.ck.HA$ 对应位置数据差值的绝对值每行之和）。

步骤7：结合式（3.6）、式（3.7）计算并存储心理阈值协同方法稳定性优胜度和趋近真值优胜度。输出数据并结束程序。

依据上述内容，以主观评价数据数量 $n'=15$，群体评价者数量 $k'=10$，仿真次数 $count'=50000$，真实值波动区间 [50, 100]，评分随机波动的下限区间 [0.78, 0.88] 和上限区间 [1.12, 1.22]，心理阈值随机波动的下限区间 [50, 70] 和上限区间 [80, 100] 为例，分析本书方法的优胜值大小。运用配对样本 T 检验方法分析 50000 次仿真时，$\sigma_{(\lambda)}^{\Theta}$ 与 $\tilde{\sigma}_{(\lambda)}^{\Theta}$、$d_{(\lambda)}^{\Theta}$ 与 $\tilde{d}_{(\lambda)}^{\Theta}$ 的样本均值之差，置信度为 99%，配对样本检验信息如表3.1所示。

分析表3.1得到以下两点结论：(1) 显著性水平接近 0.0000，无论使用何种毕达哥拉斯平均算子，本书方法皆具备显著的优越性，即相比未进行心理阈值协同的原始评价数据，协同后的评价值与真实值差异的离散程度更低，且与真实值的距离更接近；(2) 从稳定性优胜值和趋近真实值优胜值角度考虑，AA 算子优于 GA 算子，GA 算子优于 HA 算子，即使用 AA 算子可最大限度地提升本书方法的有效性。进一步，汇总模拟 10000 次、20000 次、30000 次、40000 次、50000 次仿真对应的数据信息，结果如表 3.2 所示。

表 3.1　　　　　　　　　　优胜值配对样本检验

优胜值	集结算子	配对差值					t	自由度	显著性双尾
^	^	平均值	标准差	标准误差平均值	差值99%置信区间		^	^	^
^	^	^	^	^	下限	上限	^	^	^
稳定性	AA	3.7180	0.9730	0.0044	3.707	3.730	854.490	49999	0.0000
稳定性	GA	3.7029	0.9658	0.0043	3.692	3.714	857.311	49999	0.0000
稳定性	HA	3.6820	0.9591	0.0043	3.671	3.693	858.415	49999	0.0000
趋近真值	AA	44.8611	16.7409	0.0749	44.669	45.054	599.205	49999	0.0000
趋近真值	GA	44.3188	16.8141	0.0752	44.126	44.513	589.387	49999	0.0000
趋近真值	HA	43.4898	17.0355	0.0762	43.294	43.686	570.843	49999	0.0000

表 3.2　　　　　　　仿真模拟数据优胜度汇总　　　　　　　　单位：%

仿真次数	稳定性优胜度			趋近真值优胜度		
^	AA	GA	HA	AA	GA	HA
10000	99.95	99.95	99.94	98.88	98.92	98.68
20000	99.91	99.91	99.90	98.99	98.87	98.65
30000	99.91	99.91	99.92	99.12	98.99	98.75
40000	99.95	99.95	99.95	99.19	99.05	98.85
50000	99.95	99.94	99.94	99.13	98.95	98.71

分析表 3.2 可得到以下两点结论：

（1）当仿真次数发生变化时，稳定性优胜度取值在 [99.90%，99.95%] 范围内波动，趋近真值优胜度在 [98.65%，99.19%] 范围内波动，没有明显的上升或下降趋势。这说明仿真 10000 次和 50000 次效力基本等同，方法较稳定且优势明显。

（2）不同仿真次数下，三种算子对应的稳定性优胜度效力差异基本较小，而 AA 算子对应的趋近真值优胜度整体优于 GA 算子，GA 算子趋近真值优胜度整体优于 HA 算子，因此，为提升方法有效性，本书已在模型构建部分将 AA 算子作为信息集结算子。综上所述，从优胜值和优胜度两个角度考虑，本书方法皆具备较强的有效性。

3.3.2 情景分析

因仿真次数 10000 次与 50000 次的验证结果基本相同，为提升模拟效率，以下情景的仿真次数均设定为 10000 次，且将仅使用效力最高的 AA 算子进行模拟分析。情景分析均以上述模型检验内容为基础，除对应的单个参数发生变化外，其余参数均与模型检验一致。

情景 1：主观评价数据数量变化。当被评价对象数量发生变化，主观评价数据数量也随之发生变化时，会导致优胜值与优胜度也随之改变。设置外循环 $n = 5, 10, 15, 20, 25$。

情景 2：群体评价者数量变化。当评价问题难度或重要性发生变化时，群体评价者的数量也随之发生变化。设置外循环 $k = 4, 7, 10, 13, 16$。

情景 3：群体评价者权威度变化情景。不同群体的评价者评分准确性可能会存在一定的差异，通常认为权威度较高的专家群体提供的评分围绕真实值波动的范围相对较小，而权威度较低的专家群体提供的评分围绕真实值波动的范围相对较大。设置总仿真次数 10000 次，将随机波动最小值取值范围与最大值随机取值范围划分为以下五组：第一组为 [0.74, 0.84]，[1.16, 1.26]；第二组为 [0.76, 0.86]，[1.14, 1.24]；第三组为 [0.78, 0.88]，[1.12, 1.22]；第四组为 [0.80, 0.90]，[1.10, 1.20]；第五组为 [0.82, 0.92]，[1.08, 1.18]。上述五组专家的评分权威度由大到小依次增加。

情景 4：群体评价者心理阈值相似度变化。不同群体的心理阈值范围可能会存在一定差异，当评价 A 问题的多位专家较评价 B 问题的多位专家的心理阈值相似度更高时，其对应的心理阈值下限和上限的随机波动跨度范围都应当越小。将随机波动最小值取值范围与最大值随机取值范围划分为以下五组：第一组为 [50, 74]，[76, 100]；第二组为 [50, 72]，[78, 100]；第三组为 [50, 70]，[80, 100]；第四组为 [50, 68]，[82, 100]；第五组为 [50, 66]，[84, 100]。上述五组专家的心理阈值相似度依次递增。

进一步分析四类情景的输出结果，稳定性优胜值与趋近真值优胜值的汇总仿真结果如图3.2所示。稳定性优胜度与趋近真值优胜度汇总仿真结果如表3.3所示。

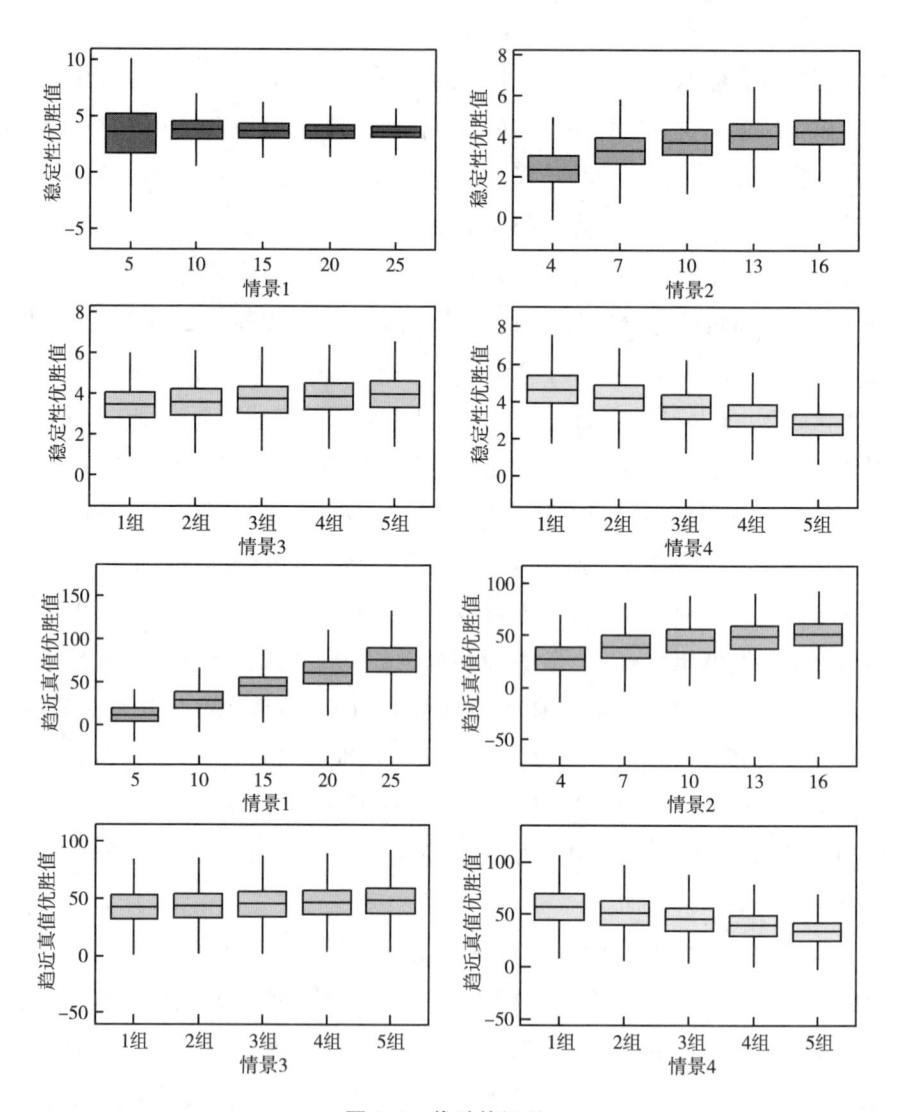

图 3.2　优胜值汇总

注：图中各情景横坐标对应相应的参数变化情况，纵坐标对应优胜值取值，为明确区分优胜值变化趋势，图中并未标注离群点。

表3.3　　　　　　　　　　　优胜度汇总　　　　　　　　　单位：%

情景1		情景2		情景3		情景4	
n	稳定性	k	稳定性	权威度	稳定性	相似度	稳定性
5	89.10	4	99.41	第1组	99.94	第1组	100.00
10	99.31	7	99.89	第2组	99.94	第2组	99.97
15	99.96	10	99.93	第3组	99.92	第3组	99.97
20	100.00	13	99.98	第4组	99.96	第4组	99.86
25	100.00	16	99.98	第5组	99.94	第5组	99.71

情景1		情景2		情景3		情景4	
n	趋近真值性	k	趋近真值性	权威度	趋近真值性	相似度	趋近真值性
5	84.74	4	95.46	第1组	99.29	第1组	99.61
10	96.58	7	98.20	第2组	99.02	第2组	99.27
15	99.19	10	98.90	第3组	99.05	第3组	99.06
20	99.70	13	99.33	第4组	99.16	第4组	98.91
25	99.91	16	99.47	第5组	99.34	第5组	98.11

分析图3.2可得到以下几点结论：

（1）随主观评价数据数量的增加，稳定性优胜值波动范围缩小、上下四分位数皆大于零、中位数变化趋势不明显，趋近真值优胜值波动范围逐渐增大、上下四分位数皆大于零、中位数也随之增大。即主观评价数据数量越多，本书方法优胜值越高。

（2）当群体评价者数量增加时，稳定性优胜值与趋近真值优胜值变化情况基本相同，数据波动范围并未发生明显变化，上下四分位数与中位数随之逐渐增加。即评价者数量越多，本书方法优胜值越大。

（3）当评价者整体权威度逐渐提升时，稳定性优胜值与趋近真值优胜值变化情况基本相同，数据波动范围并未发生明显变化，上下四分位数与中位数逐渐增加，但增加幅度略小于情景2。即当群体评价者权威度提升时，本书方法优胜值更高。

（4）当群体评价者心理阈值差异逐渐降低时，稳定性优胜值与趋近真值优胜值波动范围变化趋势不明显、上下四分位数皆大于零、中位数逐渐减小。即群体评价者心理阈值相似性越低本方法优胜值越大。

分析表3.3可得到以下几点结论：

（1）主观评价数据数量增加时，稳定性优胜度与趋近真值优胜度也逐渐增大，即评价数据越多，本书方法优胜度越强。

（2）群体评价者数量增加时，稳定性优胜度与趋近真值优胜度也随之逐渐增加。即评价者数量越多，本书方法优胜度越强。

（3）当评价专家整体权威度变化时，稳定性优胜度与趋近真值优胜度并未发生明显变化，整体优胜度均高于99%。

（4）当群体评价者心理阈值差异逐渐降低时，稳定性优胜度与趋近真值优胜度逐渐减小。即群体评价者心理阈值相似性越低，本方法优胜度越明显。

3.4 应用算例

为综合评价某区域卫生部门应急能力现状，现邀请4位专家对该区域8个部门的应急能力水平进行打分（考虑体系建设、应急队伍、装备存储、培训演练、检测预警、应急处置、善后评估等方面的综合情况），并采用算术平均算子分别集结四位评价者的信息如表3.4所示。

表3.4　群体打分

编号	评价者1 评分	评价者1 排名	评价者2 评分	评价者2 排名	评价者3 评分	评价者3 排名	评价者4 评分	评价者4 排名	综合 评分	综合 排名
部门1	86.44	2	72.57	5	70.54	5	89.87	2	79.86	2
部门2	76.85	6	79.03	2	75.65	2	80.41	5	77.98	5
部门3	79.75	4	79.22	1	77.22	1	79.96	6	79.04	4
部门4	75.53	8	67.81	8	65.68	7	77.65	8	71.67	8
部门5	84.77	3	73.31	4	72.57	4	86.53	3	79.30	3
部门6	75.69	7	68.92	7	64.88	8	79.15	7	72.16	7
部门7	77.46	5	70.29	6	67.78	6	81.66	4	74.30	6
部门8	94.37	1	75.94	3	74.89	3	95.83	1	85.26	1

结合表3.4并运用模型构建部分的公式进行计算,可得到心理阈值协同视角下的群体评价数据如表3.5所示。分析表3.4和表3.5可知心理阈值协同前后8个部门的评价值和评价值排名皆存在一定差异。观察表3.5中数据可知,评价者1和评价者4的心理阈值整体偏高(宽厚型评价者,打分整体偏高);而评价者2和评价者3的心理阈值整体偏低(严厉型评价者,打分整体偏低)。

表3.5　　　　　　　　　　心理阈值协同后的群体打分

编号	评价者1 评分	排名	评价者2 评分	排名	评价者3 评分	排名	评价者4 评分	排名	综合 评分	排名
部门1	82.81	2	77.79	5	79.07	5	85.69	2	81.34	3
部门2	67.05	6	95.32	2	91.88	2	69.58	5	80.96	5
部门3	71.82	4	95.83	1	95.83	1	68.81	6	83.07	2
部门4	64.88	8	64.88	8	66.89	8	64.88	8	65.38	8
部门5	80.06	3	79.80	4	84.16	4	79.99	3	81.01	4
部门6	65.15	7	67.89	7	64.88	8	67.43	7	66.34	7
部门7	68.05	5	71.61	6	72.16	6	71.70	4	70.88	6
部门8	95.83	1	86.94	3	89.99	3	95.83	1	92.15	1

计算表3.4中各评价者评分与综合评分的相关系数分别为0.98、0.62、0.60、0.90。由此可知,虽然每个评价者的权重相同,但最终的评价值与心理阈值偏高的评价者更为相似,相对降低了心理阈值偏低评价者的评价作用,这说明了评价过程中心理阈值会对评价结果公平性产生影响。计算表3.5中各评价者评分与综合评价值的相关系数分别为0.83、0.79、0.87、0.77,说明心理阈值协同后的评价数据可在一定程度上降低协同前数据隐含的不公平性。从排名角度分析,以部门1为例,协同前部门1排第2名,与心理阈值较高的评价者1和评价者4评分排名相同(排第2名),与心理阈值较低的评价者2和评价者3差异较大(排第5名);协同后虽然各评价者对部门1的评分排名并未发生变化,但部门1的排名下降到第3名,不再仅趋近于高心理阈值的评价群体,而是综合了所有群体评价者的意见。

3.5 本章小结

本书针对群体评价者心理阈值差异引发的评价结论非公平性问题，基于心理阈值协同视角提出群体评价数据的客观优化方法，在仿真充分的前提下统计协同前后评价数据的稳定性优胜值与优胜度、趋近真值优胜值与优胜度，进而验证了本书方法的有效性与可行性。为引导评价相关者制定更为科学的评价流程，本书分析了不同情境下优胜值与优胜度的变化趋势。并进一步通过应用算例的方式对心理阈值客观协同方法进行了说明及分析。

本书研究的主要创新性及应用价值体现在以下三个方面：（1）评价方法方面，运用随机模拟方法模拟群体评价者的心理活动，为融入行为数据的群体评价方法有效性验证提供了信息支撑；（2）评价结论方面，通过对比模拟真实值与各方法之间的差异，不仅可以为评价方法选取更为适配的信息集结算子，也可作为"多评价方法结论非一致性"问题的一个解决途径；（3）实际应用方面，本书方法为客观优化方法，且操作简单，无须评价者提供其心理阈值主观信息，可用于存在群体心理阈值差异的评价问题快速求解，如区域生态可持续发展、应急管理水平评价、创新力评价等对评价数据精度有需求的重要领域，进而获得更加高质量的评价信息与评价结论。

第4章 主体情感数据的客观过滤

4.1 引 言

"评价与行为"的研究,能够对被评价对象的发展起到一定的引导作用,但较少考虑实际评价过程中隐藏的评价者行为数据,即由评价者"输出"的可体现其行为倾向的数据。目前主要存在的评价者行为数据由评价者"显性"偏好行为数据与"隐性"情感行为数据共同组成,将直接或间接地影响评价初始数据的真实性与可靠性。偏好行为即评价者不自主表现出的"习惯"行为,将会导致评价者打分偏好差异现象产生,如宽厚型主体打分整体偏高而严厉型主体则整体偏低,即针对同一被评价对象进行赋值时,宽厚型主体的打分一般会比严厉型主体更高;情感行为是指评价者对其他被评价对象认知差异引发的"非习惯"行为,如更赞同某主体的观点、与某客体存在利益关系等。进行上述划分便于迅速从易识别的情境分类下提取主体行为数据(拆分可量化的偏好行为与较难量化的情感行为),此外可为情感行为数据过滤的相关研究奠定基础。

情感行为数据的研究相对较少,已有学者针对主观自主式评价(评价者也是被评价对象,既参与自评也参与他评)问题提出了一种带有循环优化特征的情感过滤方法,但该方法在非自主式评价(评价者不是被评价对象,仅对被评价对象进行评价)领域并不适用。评价者情感行为属于隐性行为,如对被评价对象的崇拜程度、喜爱程度等是较难量化的,即使通过问卷调查方式得到的情感行为数据也可能存在真假难辨的情况。考虑到现实应用中非自主式评价情景较为广泛,但目前还缺乏与其相匹配的情感过滤方法，鉴于此，本书提出一种适用于非自主式评价问题的情感行为数据客观过滤方法，旨在降低评价数据与真实值之间的差异，进而提升评价的准确性与可靠性。

与经典评价方法相比，本书方法的特点体现在以下两个方面：（1）在前期数据不充分或无法获取的情况下，对"无形"的情感进行"存在"或"不存在"这样的绝对识别几乎很难实现且无法让人信服。因此，本书引入概率思想，基于多个维度分别计算评价者的情感行为概率从而达到过滤评价者情感行为数据的目的。（2）情感行为数据过滤涉及的主观因素相对较多，将导致方法验证环节的"评价者真实值"较难获取，因此本书将运用随机模拟方法生成评价者真实值，对群体评价者的情感行为数据进行逆向模拟分析，以此验证本书方法的有效性与可行性，并为不同情景下的评价参数制定提供数据依据。

4.2 行为数据过滤方法

4.2.1 问题界定与假设条件

设群体评价中 $S=\{s_1,s_2,\cdots,s_l\}$ 为群体评价者集合，$O=\{o_1,o_2,\cdots,o_n\}$ 为被评价对象集合，评价者 $s_k(k=1,2,\cdots,l)$ 以打分形式给出被评价对象 $o_i(i=1,2,\cdots,n)$ 的主观评分 x_i^k。实际上，本书提供的群体评价者情感行为数据的客观过滤方法，可同时处理其他类型的群体主观评价信息（评价指标值评分、指标权重评分）中存在的情感差异，为简化问题描述，统一用 x_i^k 表示评价者提供的主观数据信息。

面向以主观评分方式开展的非自主式评价问题，若评价者与被评价对象之间存在一定的情感关系，如利益输送、社会关系、盲目偏爱等，那么评价者的情感因素可能会参与评价。因此，本书对存在情感行为的非自主式群体评价问题作如下假设：

假设1：每一个群体主观评价信息都有与之对应的客观真实值，该客观真实值虽无法获取但真实存在。

假设2：评价者对存在情感关系的被评价对象将产生一定的情感行为，即在一定范围内赋予其较大的评价值。

假设3：评价者基于评价结果更易于被他人接受的目的，对于不存在情感关系的被评价对象能够给出客观公正的评分。

4.2.2 方法构建

本书方法构建思路以群体评价者的主观数据为基础，基于绝对、相对、变异性三个维度分别计算评价者的情感行为概率，生成"概率"形式的评价者情感概率信息，削弱情感行为较大的被评价对象对应的评价者权重，对原始主观数据进行集结，从而达到过滤评价者情感行为数据的目的，具体如下。

定义 4.1：当评价者 s_k 与某一被评价对象 $o_a (a \in i)$ 存在情感关系时，s_k 对应的主观评分 x_a^k 比其他主观评分 $x_{i'}^k (i' = 1, 2, \cdots, a-1, a+1, \cdots, n)$ 更大的可能性也随之增加，称这种可能性为绝对性情感行为概率 $\bar{p}_i^{k+} = x_i^k / \sum\limits_{i=1}^{i=n} x_i^k$。反之，当 s_k 与 o_a 不存在情感关系时，s_k 对应的 x_a^k 比其他 x_i^k 更大的可能性也随之减小，称这种可能性为绝对性无情感行为概率 $\bar{p}_i^{k-} = 1 - x_i^k / \sum\limits_{i=1}^{i=n} x_i^k$。

定义 4.2：对于某一被评价对象 o_i，当评价者 s_b 与其存在情感关系时，$s_b (b \in k)$ 对应的主观评分 x_i^b 相比其他评价者给出的主观评分 $x_i^{k'} (k' = 1, 2, \cdots, b-1, b+1, \cdots, l)$ 更大的可能性也随之增加，称这种可能性为相对性情感行为概率 $\tilde{p}_i^{k+} = x_i^k / \sum\limits_{k=1}^{k=l} x_i^k$。反之，当 s_b 与 o_i 不存在情感关系时，s_b 对应的 x_i^b 相比其他评价者给出的 $x_i^{k'}$ 更大的可能性也随之降低，称这种可能性为相对性无情感行为概率 $\tilde{p}_i^{k-} = 1 - x_i^k / \sum\limits_{k=1}^{k=l} x_i^k$。

定义 4.3：当评价者 s_k 针对所有被评价对象给出的评分变异系数 c_k 相对其他评价者的评分变异系数更大（同一评价者的评分离散程度较大），且针对某一被评价对象 o_i 所有评价者给出的评分变异系数 c_i 较大（不同评价者的意见分歧较大）时，则说明 s_k 对 o_i 存在情感行为可能性更高，称该可能性为变异性情感行为概率，其计算公式为：

$$\begin{cases} \hat{p}_i^{k+} = \left(c_k / \sum_{k=1}^{k=l} c_k\right) \Big/ \left(c_i / \sum_{i=1}^{i=n} c_i\right) \\ c_k = \left[\sum_{i=1}^{i=n}(x_i^k - \sum_{i=1}^{i=n} x_i^k/n)/(n-1)\right] \Big/ \left(\sum_{i=1}^{i=n} x_i^k/n\right) \\ c_i = \left[\sum_{k=1}^{k=l}(x_i^k - \sum_{k=1}^{k=l} x_i^k/l)/(l-1)\right] \Big/ \left(\sum_{k=1}^{k=l} x_i^k/l\right) \end{cases} \quad (4.1)$$

反之，与其相对立的变异性无情感行为概率为 $\hat{p}_i^{k-} = 1 - \hat{p}_i^{k+}$。

定义 4.4：当评价者 s_k 与被评价对象 o_i 存在情感关系，且表现出相应的情感行为时，s_k 产生绝对性情感行为、相对性情感行为、变异性情感行为的可能性也随之增加；若三种情感行为同时发生则说明存在情感关系的可能性相对较大，称这三种可能性同时发生的概率为综合情感行为概率 $p_i^{k+} = \bar{p}_i^{k+} \times \tilde{p}_i^{k+} \times \hat{p}_i^{k+}$。反之，若 s_k 与 o_i 不存在情感关系，s_k 产生绝对性无情感行为、相对性无情感行为、变异性无情感行为的可能性也随之增加；若三种无情感行为同时发生则说明存在情感关系的可能性相对较小，称这三种可能性同时发生的概率为综合无情感行为概率 $p_i^{k-} = \bar{p}_i^{k-} \times \tilde{p}_i^{k-} \times \hat{p}_i^{k-}$。

情感行为过滤时，考虑到综合无情感行为概率高的主观评分 x_i^k 对应的评价信息相对更为客观，因此在信息集结过程中可将综合无情感行为概率进行归一化处理，即：

$$y_i = \sum_{k=1}^{k=l} x_i^k \times \frac{p_i^{k-}}{\sum_{k=1}^{k=l} p_i^{k-}} \quad (4.2)$$

其中，y_i 为群体情感行为过滤后被评价对象 o_i 的评价值。若 o_i 的评价指标数量为 m，则仅需重复上述步骤 m 次后再进行信息集结即可。因篇幅所限，本书不再赘述。

4.2.3 有效性分析

运用模拟仿真方法可生成虚拟真实值 y_i^*，并对其进行随机扰动与随机情感关系设定,再运用上述方法获取情感行为数据过滤后的评价值。通过对比情感过滤前 $y'_i = \sum_{k=1}^{k=l} x_i^k / l$ 与过滤后 y_i 的评价值与虚拟真实值之间的差异(评分值之间的绝对差异、差异标准差两个方面)验证本书方法的有效性。设随机模拟次数为 $t(t=1, 2, \cdots, t_n)$,具体分析内容如下。

设虚拟真实值与过滤前的评分值之间的绝对差异为 $d_1(t) = \sum_{i=1}^{i=n} |y_i^*(t) - y'_i(t)|$,虚拟真实值与过滤后的评分值之间的绝对差异为 $d_2(t) = \sum_{i=1}^{i=n} |y_i^*(t) - y_i(t)|$,当 $d(t) = d_1(t) - d_2(t) > 0$ 时,说明第 t 次模拟本书方法更为有效;当 $d(t) = 0$ 时,说明第 t 次模拟本书方法与传统方法等效;当 $d(t) < 0$ 时,说明第 t 次模拟传统方法更为有效。可计算趋近真值差异值为 $d = \sum_{t=1}^{t=t_n} (d_1(t) - d_2(t))$,当 $d > 0$ 时,说明 t_n 次模拟中本书方法稳定有效;当 $d = 0$ 时,说明 t_n 次模拟中本书方法与传统方法效力相同;当 $d < 0$ 时,说明 t_n 次模拟中传统方法稳定有效。当 $d(t) > 0$ 时,记本次优胜值模拟优胜的概率为 $d_s(t) = 1$;当 $d(t) = 0$ 时,优胜概率为 $d_s(t) = 0.5$;当 $d(t) < 0$ 时,优胜概率为 $d_s(t) = 0$。在此基础上可测算本书方法趋近真值优胜度 $d_s = \sum_{t=1}^{t=t_n} d_s(t) / t_n$,$d_s$ 取值越接近100%则说明本书方法更为有效,反之亦然。

设虚拟真实值与过滤前的评分值、虚拟真实值与过滤后的评分值之间的差异标准差分别为:

$$\sigma^1(t) = \sqrt{\frac{\sum_{i=1}^{i=n}(y_i^*(t) - y'_i(t) - \sum_{i=1}^{i=n}(y_i^*(t) - y'_i(t))/n)}{n-1}}$$

$$\sigma^2(t) = \sqrt{\frac{\sum_{i=1}^{i=n}(y_i^*(t) - y_i(t) - \sum_{i=1}^{i=n}(y_i^*(t) - y_i(t))/n)}{n-1}}$$
(4.3)

当 $\sigma(t) = \sigma^1(t) - \sigma^2(t) > 0$ 时,说明第 t 次模拟本书方法更为稳定;当 $\sigma(t) = 0$ 时,说明第 t 次模拟本书方法与传统方法稳定性相同;当 $\sigma(t) <$

0时，说明第t次模拟传统方法更为稳定。

可计算趋近真值标准差为$\sigma = \sum_{t=1}^{t=t_n}(\sigma_1(t)-\sigma_2(t))$，当$\sigma>0$时，说明$t_n$次模拟中本书方法更为稳定；当$\sigma=0$时，说明$t_n$次模拟中本书方法与传统方法稳定性相同；当$\sigma<0$时，说明$t_n$次模拟中传统方法更加稳定。当$\sigma(t)>0$时，记本次稳定性模拟优胜的概率为$\sigma_s(t)=1$；当$\sigma(t)=0$时，优胜概率为$\sigma_s(t)=0.5$；当$\sigma(t)<0$时，优胜概率为$\sigma_s(t)=0$。据此可测算本书方法趋近真值稳定性优胜度$\sigma_s=\sum_{t=1}^{t=t_n}\sigma_s(t)/t_n$，$\sigma_s$取值越接近100%则说明本书方法更加稳定，反之亦然。

4.3 模型检验与情景分析

群体评价者情感行为数据过滤方法的趋近真值优胜度与稳定性优胜度不能以某次随机模拟的结果来单独衡量，而应在多次模拟取样中分析数据的分布情况并得出相应结论。基于此，本书采用随机模拟方式进行模型检验。此外，现实中的群体评价问题存在多样性，具体评价情景也可能并不相同，为引导评价制定者设计更为科学的评价流程、得到更加准确的评价结论，本书将结合上述模型检验内容总结归纳可能导致本书方法验证参数变化的六类情景。模型检验与情景分析构建思路如图4.1所示。

4.3.1 模型检验

初始虚拟真实值可通过模拟的方式产生。基于此，下面给出本书方法有验证分析的R语言仿真策略步骤：

步骤1：初始化评价者数量$k \leftarrow k'$，被评价对象数量$n \leftarrow n'$，真实评价值的上限值$max.x.real \leftarrow max.x.real$与下限值$min.real \leftarrow min.x.real$。设置存在情感关系的评价者数量为$km1 \leftarrow km1'$，其对应的被评价对象数量为$km2 \leftarrow km2'$，情感程度为$mo \leftarrow mo'$（取值越大则表明情感关系越强烈，反之则情感关系越弱），随机生成各评价者的权威度数据$k.power$（权威度越

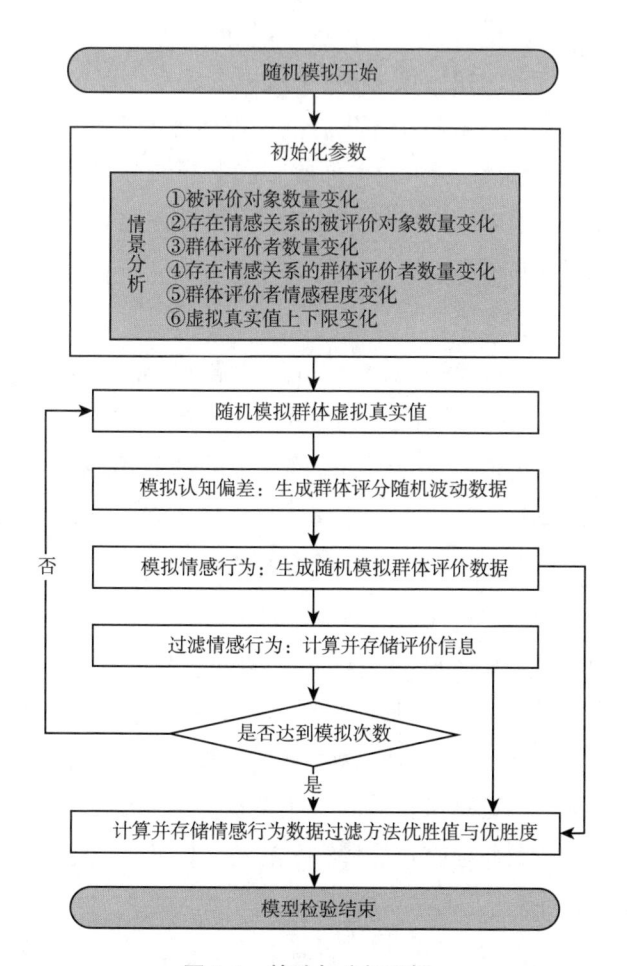

第4章 主体情感数据的客观过滤 // 55

图 4.1 检验与分析逻辑

大的评价者对应的主观评分与虚拟真实值的差异越小,反之亦然)。

步骤2:设置随机模拟次数为 count←count′,真实值矩阵、情感过滤前信息集结矩阵、情感过滤后信息集结矩阵分别为 data.real、data.before、data.after,每次模拟结果存储在第 count 行 n 列。结果分析矩阵 data.result,每次模拟结果存储在第 count 行,$d_1(t)$、$d_2(t)$、$\sigma_1(t)$、$\sigma_2(t)$ 分别存储在第一~四列。上述初始化设置皆为空值矩阵,设置外循环次数 count, count=1 对应第一次仿真模拟,count=2 对应第二次仿真模拟,以此类推,直至仿真模拟次数为 count′。

步骤3:随机生成一组虚拟真实值数据 $y_i^*(t) \in [\min.real, \max.real]$,

并存储到 $data.real$。设置内循环仿真次数 $count.k \leftarrow count.k'$，围绕虚拟真实值并结合各评价者的权威度 $k.power$ 随机生成 k' 个评价者的评分随机波动数据 $data.k$（随机数据模拟不同权威度群体评价者理性认知偏差）。从 $1 \sim k'$ 中抽取 $km1$ 个数据、$1 \sim n'$ 中抽取 $km2$ 个数据分别作为存在情感关系的评价者与被评价对象的列编号与行编号，并对 $data.k$ 的对应位置进行情感提升，即单元格数值分别增加 mo，模拟后的融入评价者情感行为数据的矩阵为 $data.mk$。

步骤4：结合 $data.mk$ 计算情感行为过滤前的信息集结矩阵并存储到 $data.before$ 的 $count$ 行。分别运用定义4.1、定义4.2、定义4.3、定义4.4 的内容计算绝对性无情感行为概率矩阵、相对性无情感行为概率矩阵、变异性无情感行为概率矩阵、综合无情感行为概率矩阵并结合式（4.2）计算情感行为过滤后的评价值，将其存储到 $data.after$ 矩阵的 $count$ 行。运用上述有效性分析内容分别计算 $data.before$ 与 $data.real$、$data.after$ 与 $data.real$ 之间的差异并存储到 $data.result$ 的 $count$ 行。

步骤5：$count \leftarrow count+1$ 返回步骤3，当 $count = count'$ 时进入步骤6。

步骤6：计算 $data.result$ 第一列与第二列数据的绝对差异，得到并存储趋近真值差异值与趋近真值优胜度。计算 $data.result$ 第三列与第四列数据的标准差差异，得到并存储趋近真值标准差与趋近真值稳定性优胜度。输出数据并结束程序。

依据上述随机模拟步骤，以评价者数量 $k=5$、被评价对象数量 $n=10$、真实评价值的上限值 $max.real=85$ 与下限值 $min.real=55$，存在情感关系的评价者数量为 $km1=2$，其对应的被评价对象数量为 $km2=4$、情感程度为 $mo=10$ 为例，分析本书方法的有效性。运用配对样本T检验方法分析 $10000 \sim 50000$ 次仿真时，99% 置信水平下样本均值之差，即趋近真值差异值 d 与趋近真值标准差 σ，置信度为 99%，如表4.1所示。汇总模拟 $10000 \sim 50000$ 次仿真对应的优胜度信息，如表4.2所示。

分析表4.1和表4.2可知：

（1）随着模拟次数的提升，显著性水平仍接近 0.000，说明本书方法具备显著的优越性，即相比未进行情感过滤的原始评价数据，过滤后的评价值与真实值的距离更接近且差异更稳定。

表 4.1 配对样本检验

检验内容	仿真次数	配对差值 平均值	标准差	标准误差平均值	差值99%置信区间 下限	差值99%置信区间 上限	t	自由度	显著性双尾
d	10000	0.46006	0.07008	0.0007	0.45825	0.46187	656.454	9999	0.000
d	20000	0.46848	0.07960	0.00056	0.46703	0.46993	832.323	19999	0.000
d	30000	0.49602	0.10442	0.0006	0.49447	0.49757	822.771	29999	0.000
d	40000	0.050079	0.11002	0.00055	0.49937	0.50221	910.342	39999	0.000
d	50000	0.42975	0.03230	0.00014	0.42938	0.43013	2975.469	49999	0.000
σ	10000	0.05165	0.00834	0.00008	0.05144	0.05187	619.375	9999	0.000
σ	20000	0.05070	0.00923	0.00007	0.05053	0.05087	776.997	19999	0.000
σ	30000	0.04888	0.01162	0.00007	0.04871	0.04906	728.786	29999	0.000
σ	40000	0.04846	0.01216	0.00006	0.04831	0.04862	797.229	39999	0.000
σ	50000	0.05396	0.00408	0.00002	0.05392	0.05401	2955.686	49999	0.000

表 4.2 优胜度汇总

检验内容（次）	10000	20000	30000	40000	50000
d_s（%）	100.00	100.00	100.00	100.00	100.00
σ_s（%）	100.00	100.00	100.00	100.00	100.00

（2）不同模拟次数对应的趋近真值差异值与趋近真值标准差之间的差异较小，同时趋近真值优胜度与趋近真值稳定性优胜度皆为100%。综上所述，从以上两个角度考虑，本书方法皆具备一定的有效性。

4.3.2 情景分析

考虑到上述验证参数并未随模拟次数增加而发生趋势性变化，为提升随机模拟效率，下列情景的仿真次数均设定为10000次。此外，以下情景分析均以上述检验思路为基础，除该情景对应的单个参数发生变化外，其余参数均与模型检验设定保持一致。

情景1：当被评价对象数量变化时，对应的主观评价数据数量也随之同步变化，外循环 $n=5,10,15,20,25$，可简要分析相关验证参数变化情况。

情景 2：当存在情感关系的被评价对象数量变化时，可通过设置外循环 $mk2=2，3，4，5，6$ 来分析相关验证参数变化情况。

情景 3：当群体评价者数量变化时，外循环 $k=3，4，5，6，7$ 分析相关验证参数变化情况。

情景 4：当存在情感关系的群体评价者数量变化时，可设置外循环 $mk1=1，2，3，4，5$ 进而分析相关验证参数变化情况。

情景 5：当群体评价者情感程度变化时，外循环 $mo=4，7，10，13，16$ 并分析相关验证参数变化情况。

情景 6：当真实评价值分数的最小最大值变化时，外循环五组真实值下限值和上限值数据，第一～五组依次为 [65，75]、[60，80]、[55，85]、[50，90]、[45，95]，并分析相关验证参数变化情况。

综上所述，分析并汇总六类情景输出结果，其中趋近真值差异值（情景1-1、情景2-1、情景3-1、情景4-1、情景5-1、情景6-1）与趋近真值标准差（情景1-2、情景2-2、情景3-2、情景4-2、情景5-2、情景6-2）的汇总仿真结果分别如图4.2所示，趋近真值优胜度和趋近真值稳定性优胜度验证结果如表4.3所示。

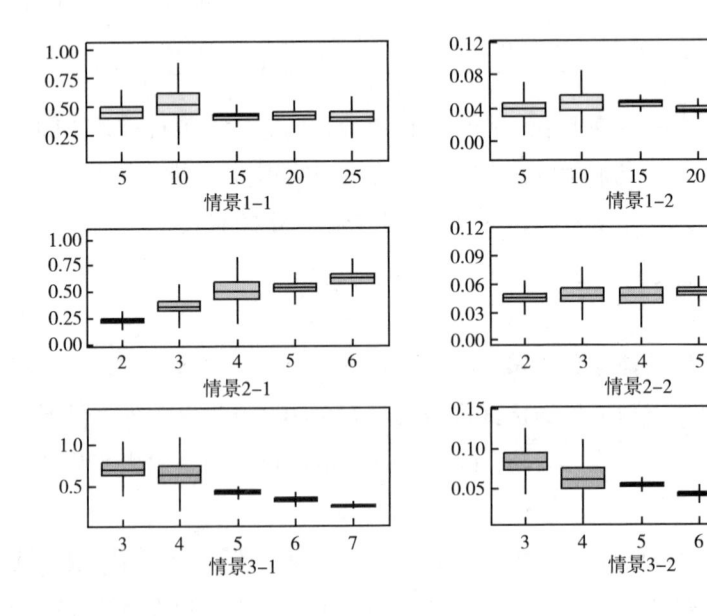

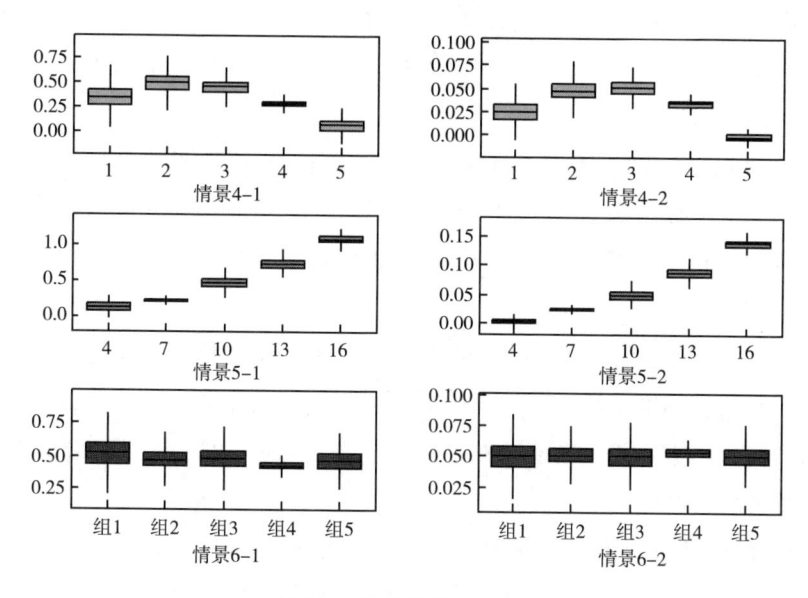

图 4.2　趋近真值参数汇总

注：图中横坐标对应随机模拟参数、纵坐标表示趋近真值差异值或趋近真值标准差的取值。为便于观察各参数变化趋势，图中离群点已省略。

表 4.3　　　　　　　　　　　优胜度汇总　　　　　　　　　　单位：%

情景1			情景2			情景3		
n	d_s	σ_s	$mk2$	d_s	σ_s	k	d_s	σ_s
5	100.00	99.91	2	100.00	100.00	3	100.00	100.00
10	100.00	100.00	3	100.00	100.00	4	100.00	100.00
15	100.00	100.00	4	100.00	100.00	5	100.00	100.00
20	100.00	100.00	5	100.00	100.00	6	100.00	100.00
25	100.00	100.00	6	100.00	100.00	7	100.00	100.00
情景4			情景5			情景6		
$mk1$	d_s	σ_s	mo	d_s	σ_s	$real$	d_s	σ_s
1	98.73	99.56	4	87.16	97.39	第一组	100.00	100.00
2	100.00	100.00	7	100.00	100.00	第二组	100.00	100.00
3	100.00	100.00	10	100.00	100.00	第三组	100.00	100.00
4	100.00	100.00	13	100.00	100.00	第四组	100.00	100.00
5	39.57	88.40	16	100.00	100.00	第五组	100.00	100.00

由图4.2可知各情景下趋近真值差异值与趋近真值标准差的变化趋势整体一致，初步说明本书方法的有效性，进一步分析图4.2与表4.3可得到以下几点结论：

情景1：随着被评价对象数量的增加，趋近真值差异值与趋近真值标准差的上下四分位数、中位数皆大于零且变化趋势不明显，除被评价对象数量较小的情况下稳定性优胜度为99.91%外，其他模拟参数对应的优胜度皆为100%。

情景2：随着存在情感关系的被评价对象数量的增加，趋近真值差异值与趋近真值标准差的上下四分位数、中位数皆大于零，趋近真值差异值中位数随之增大，趋近真值标准差变化趋势不明显，所有模拟参数对应的优胜度皆为100%。

情景3：随着群体评价者数量的增加，趋近真值差异值与趋近真值标准差的上下四分位数、中位数皆大于零但变化趋势逐步减小，所有模拟参数对应的优胜度皆为100%。

情景4：随着存在情感关系的群体评价者数量增加，趋近真值差异值与趋近真值标准差的上下四分位数、中位数呈现先增后减的趋势，除$k=1$和$k=mk1$外，其他参数对应的优胜度皆为100%。

情景5：随着群体评价者情感程度增加，趋近真值差异值与趋近真值标准差的上下四分位数、中位数皆大于零且变化趋势为逐步增大，除$mo=4$外，其他模拟参数对应的优胜度皆为100%。

情景6：随着真实评价值分数的上下界区间的增加，趋近真值差异值与趋近真值标准差的上下四分位数、中位数皆大于零且变化趋势不明显，所有模拟参数对应的优胜度皆为100%。

综上所述，各情景下本书方法皆优于传统方法，且存在明显优势。原始真实值上下界变化不对本书方法优越性产生影响。当存在情感关系的被评价对象增多、评价者数量相对减少、至少存在一个公正的评价者时本书方法优势更加明显。评价流程制定者可依据上述思路选取适配的参数进行情感行为过滤。

4.4 应用算例

对某公司项目组员工进行绩效考核,现邀请 5 位公司领导对该项目组的 14 位成员从勤奋态度、业务工作、管理监督、指导协调和工作效果五个方面进行打分(五个方面重要性相同),并运用线性加权法分别汇总每位领导的综合评分与五位领导的群体评价结果如表 4.4 所示。考虑到公司领导与项目组成员之间可能存在情感关系,结合表 4.4 数据并运用本书方法构建部分的公式进行计算,可得到过滤评价者情感行为数据的评价值与排序。为便于分析,与相关的综合无情感行为概率共同展示,具体如表 4.5 所示。

表 4.4　　　　　　　　　　领导打分

	领导 1	领导 2	领导 3	领导 4	领导 5	传统评分	传统排序
员工 1	81.26	80.63	60.34	61.28	55.20	67.74	6
员工 2	58.64	57.95	57.30	58.20	55.64	57.55	10
员工 3	75.80	95.47	74.85	74.32	70.64	78.22	3
员工 4	79.90	80.68	79.17	78.84	80.44	79.81	1
员工 5	55.36	55.84	54.66	55.64	51.64	54.63	13
员工 6	50.18	48.74	51.19	48.88	54.32	50.66	14
员工 7	57.92	56.90	58.83	59.96	55.16	57.75	9
员工 8	78.38	78.74	81.02	79.68	75.20	78.60	2
员工 9	55.28	56.84	57.02	55.36	53.12	55.52	11
员工 10	53.56	53.95	54.32	54.20	58.84	54.97	12
员工 11	66.20	66.53	67.83	69.44	66.56	67.31	7
员工 12	73.72	74.05	74.70	72.04	77.80	74.46	5
员工 13	76.46	75.32	77.17	75.72	81.32	77.20	4
员工 14	63.26	60.11	61.66	62.16	62.96	62.03	8

表 4.5　　　　　　　　　　　情感过滤打分

	无情感行为概率						本书评分	本书排序
	领导1	领导2	领导3	领导4	领导5	极差		
员工1	0.0126	0.0125	0.0140	0.0139	0.0143	0.0018	67.13	7
员工2	0.0143	0.0143	0.0143	0.0143	0.0145	0.0002	57.54	10
员工3	0.0137	0.0125	0.0137	0.0138	0.0140	0.0015	77.86	3
员工4	0.0140	0.0140	0.0140	0.0140	0.0139	0.0001	79.80	1
员工5	0.0143	0.0142	0.0143	0.0142	0.0146	0.0003	54.62	13
员工6	0.0144	0.0145	0.0143	0.0145	0.0140	0.0005	50.64	14
员工7	0.0143	0.0143	0.0142	0.0141	0.0145	0.0004	57.74	9
员工8	0.0140	0.0139	0.0138	0.0139	0.0141	0.0003	78.59	2
员工9	0.0144	0.0142	0.0142	0.0143	0.0145	0.0003	55.51	11
员工10	0.0144	0.0144	0.0143	0.0144	0.0140	0.0005	54.95	12
员工11	0.0143	0.0142	0.0141	0.0142	0.0142	0.0002	67.30	6
员工12	0.0141	0.0140	0.0140	0.0142	0.0138	0.0004	74.44	5
员工13	0.0140	0.0141	0.0140	0.0140	0.0137	0.0004	77.18	4
员工14	0.0142	0.0144	0.0143	0.0142	0.0142	0.0002	62.02	8

分析表 4.4 与表 4.5 可知情感行为过滤前后 14 个员工的评价值存在一定差异但整体差异不大，一方面说明存在情感行为的领导和员工并不多；另一方面说明本书方法具备一定的稳定性。进一步分析排名变化情况可知仅有员工 1 与员工 11 过滤前后的排名存在变化，员工 1 从第 6 名变为第 7 名，而员工 11 从第 7 名变为第 6 名。这说明员工 1 与某位或某几位领导之间可能存在情感关系，因此在情感过滤后员工 1 的评分从 67.74 降到 67.13，对应观察各位领导无情感行为概率取值区间为 [0.0125, 0.0143]，极差为所有员工中最大，存在领导无情感概率较小的情况，即员工 1 与无情感概率最小的领导 2 之间存在情感关系的可能性相对较大。此外，员工 11 虽排名发生变化但评分仅从 67.31 变为 67.30，且员工 11 对应的无情感概率极差为 0.0002 相对较小，这说明各位领导与员工 11 之间几乎不存在情感行为，由此可知，员工 11 的排名变化是由员工 1 的排名变化引起的。

4.5 本章小结

本书面向非自主式群体评价领域中评价者与被评价对象之间存在的情感利益关系问题，运用"概率"思想化解传统意义上的"无形"情感关系难以量化难题，提出群体评价者情感行为数据客观过滤方法，在充分仿真模拟的前提下统计趋近真值差异值、趋近真值标准差、趋近真值优胜度与趋近真值稳定性优胜度，并分析不同情景下的验证参数变化，验证了本书方法的有效性与可靠性。

本书研究的主要创新点及应用价值体现在以下几个方面：（1）方法层面，直接将无法判定"存在"或"不存在"情感关系的原始数据转化为情感概率形式，从绝对、相对、变异性三个维度分析评价者可能存在情感行为的综合概率，从而实现对原始数据的情感过滤；（2）结论方面，考虑到评价真实值虽然存在但较难获取，运用随机模拟方法生成评价者真实值，对群体评价者的情感行为数据进行逆向模拟分析，以此验证本书方法的有效性与可行性；（3）应用方面，本书方法为客观优化方法，操作简单且无需其他主观数据介入，可用于存在群体情感行为数据的群体评价问题快速求解，可引导评价制定者设计更为科学的评价流程并获取更加准确的评价结论。

第 5 章 主体冗余数据的因子修正

5.1 引　　言

　　群体评价者提供的初始主观评价数据（评价指标值或评价指标权重值）是否贴近"真实值"，是决定群体评价质量的重要因素，已有研究大多采用群体评价相关者的满意度、权威度或是循环征求评价者意见等方式提升评价数据的质量，此类方法需在群体评价过程中融入新的"主观"数据，且"主观"数据应满足可获取性、时效性、真实性等特点。然而，群体评价时常面临新的主观数据难以获取、获取数据时效性难以保证、数据真实性无法确定等实际问题。因此，在群体评价过程中，有必要对可降低评价者提供的初始主观评价数据与真实值之间差异的客观修正方法展开更为深入的研究。

　　本章提出了一种群体评价数据的客观修正方法，基本思想是提取群体评价者评价数据的公共因子并将其转化为评价者信息准确度，再集结群体评价者信息，从而过滤冗余行为数据对评价结论的影响，得到更加贴近真实评价数据的评价信息。该方法探讨是一个新的尝试，因此需考虑的因素相对比较复杂，研究开展前需界定研究假设，即群体评价者提供的评价数据是经过理性分析的（不含评价者个人情感或打分偏好），评价数据之间的差异仅由群体评价者背景、经验、知识等差异引起的。基于此，本书需要解决的核心问题有：（1）阐述群体评价者主观评价数据公共因子的内涵与提取方法；（2）对比本书方法与传统方法之间的差异，论证本书方法的有效性；（3）随环境的动态变化，分析情景改变对最终评价结果产生何种影响。

5.2 模型构建

群体评价中，设群体评价者集为 $S=\{s_1, s_2, \cdots, s_{k'}\}$，被评价对象集为 $O=\{o_1, o_2, \cdots, o_n\}$，主观指标集为 $U=\{u_1, u_2, \cdots, u_m\}$。$x_{ij}^k$ 为评价者 $s_k(k=1, 2, \cdots, k')$ 对被评价对象 $o_i(i=1, 2, \cdots, n)$ 关于指标 $u_j(j=1, 2, \cdots, m)$ 的指标值评分，w_j^k 为评价者 s_k 对指标 $u_j(i=1, 2, \cdots, m)$ 的重要性程度评分。

x_{ij}^k 与 w_j^k 皆为评价者提供的主观数据信息，因其客观修正模型构建方法相同，为简化下述问题描述，这里统一用 $\tilde{z}_h^k(h=1, 2, \cdots, h')$ 表示评价者 s_k 提供的主观数据信息，当信息为评价值信息时 h 等同 ij；当信息为评价指标权重值信息时 h 等同 j。假设 $\tilde{z}_h^k$ 均为极大型的数据，为避免量纲和量级对评价结论的影响，需进一步对初始群体主观数据进行标准化处理，z_h^k 为标准化后的主观数据，即：

$$z_h^k = \frac{\tilde{z}_h^k - \sum_{h=1}^{h=h'} \tilde{z}_h^k/h'}{\sqrt{\sum_{h=1}^{h=h'}\left(\tilde{z}_h^k - \sum_{h=1}^{h=h'} \tilde{z}_h^k/h'\right)^2/(n-1)}} \quad (5.1)$$

与因子分析的核心思想相同，即用较少的互相独立的因子反映原有变量的绝大部分信息，可将 z_h^k 用 $p'(p'<k)$ 个 $f_1, f_2, \cdots, f_{p'}$ 的线性组合表示，$f_1, f_2, \cdots, f_{p'}$ 为可综合反映 z_h^k 中绝大部分信息的成分，也称因子。此时 h 和 h' 分别对应第 h 个样本和样本总数量，k 和 k' 分别对应第 k 个变量和变量总数量，则：

$$\begin{cases} z_h^1 = a_h^{11}f_1 + a_h^{12}f_2 + \cdots + a_h^{1p}f_p + \cdots + a_h^{1p'}f_{p'} + \varepsilon_h^1 \\ z_h^2 = a_h^{21}f_1 + a_h^{22}f_2 + \cdots + a_h^{2p}f_p + \cdots + a_h^{2p'}f_{p'} + \varepsilon_h^2 \\ \cdots \\ z_h^{k'} = a_h^{k'1}f_1 + a_h^{k'2}f_2 + \cdots + a_h^{k'p}f_p + \cdots + a_h^{k'p'}f_{p'} + \varepsilon_h^{k'} \end{cases} \quad (5.2)$$

其中，载荷 a_h^{kp} 为第 k 个变量 z_h^k 与第 p 个因子之间的线性相关系数；ε_h^k 为关于 h 指标的第 k 个变量对应的特殊因子。

本书已假设群体评价者提供的评价数据是经过理性分析的，数据不含评价者个人情感或打分偏好，如数据存在差异则仅由群体评价者背景、经验、知识等差异所引起。因此，本书仅保留一个公共因子 f_1 并将其视为可体现真实值的因子，ε_h^k 为因评价者背景、经验、知识等差异导致的误差项。当评价者 k 的一组赋值 z_h^k 与对应的真实值 z_h 相关度越高时，载荷 a_h^{kp} 的取值越大，反之亦然。计算所有评价者提供的主观数据 $\{z_1^k, z_2^k, \cdots, z_{h'}^k\}$ 之间的相关系数，用简单相关系数矩阵 R 表示，即：

$$R = \begin{cases} r_h^{11} & r_h^{12} & \cdots & r_h^{1k'} \\ r_h^{21} & r_h^{22} & \cdots & r_h^{2k'} \\ \vdots & \vdots & & \vdots \\ r_h^{k'1} & r_h^{k'2} & \cdots & r_h^{k'k'} \end{cases} \tag{5.3}$$

其中，$r_h^{ab} = Cov(r_h^a, r_h^b) / \sqrt{Var(r_h^a) Var(r_h^b)}$ 为评价者 k_a 关于评价对象（或指标）h 的主观评分与评价者 k_b 关于指标值（权重）h 的主观评分之间的相关系数，$Cov(r_h^a, r_h^b)$ 为 r_h^a 与 r_h^b 的协方差，$Var(r_h^a)$ 为 r_h^a 的方差，$Var(r_h^b)$ 为 r_h^b 的方差。求 R 的特征值 $\lambda_1, \lambda_2, \cdots, \lambda_{k'}$（$\lambda_1 \geq \lambda_2 \geq \cdots \geq \lambda_{k'}$）及对应的单位特征向量 $\mu_{1k'}, \mu_{2k'}, \cdots, \mu_{k'k'}$，可获得载荷矩阵 A 的取值，即：

$$A = \begin{cases} a_h^{11} & a_h^{12} & \cdots & a_h^{1k'} \\ a_h^{21} & a_h^{22} & \cdots & a_h^{2k'} \\ \vdots & \vdots & & \vdots \\ a_h^{k'1} & a_h^{k'2} & \cdots & a_h^{k'k'} \end{cases} = \begin{cases} \mu_{11}\sqrt{\lambda_1} & \mu_{21}\sqrt{\lambda_2} & \cdots & \mu_{k'1}\sqrt{\lambda_{k'}} \\ \mu_{12}\sqrt{\lambda_1} & \mu_{22}\sqrt{\lambda_2} & \cdots & \mu_{k'2}\sqrt{\lambda_{k'}} \\ \vdots & \vdots & & \vdots \\ \mu_{1k'}\sqrt{\lambda_1} & \mu_{2k'}\sqrt{\lambda_2} & \cdots & \mu_{k'k'}\sqrt{\lambda_{k'}} \end{cases}$$

$$\tag{5.4}$$

为使得公共因子的含义更加明晰，以便对实际问题做出科学分析，可对上述载荷矩阵进行旋转从而实现载荷矩阵结构简化的目的。因子分析中常见的因子旋转法有方差最大正交旋转、四次方最大正交旋转、斜交旋转等。方差最大旋转法从简化因子载荷矩阵的每一列出发，使和每个因子有关的载荷平方的方差最大，当只有少数几个变量在某个因子上有较高的载荷时，对因子的解释最简单，该方法可突出评分准确度较高的评价者的重要性，因此实际群体评价过程中可对矩阵 A 进行方差最大旋转处理。

本书仅保留一个公共因子 f_1，因此可对旋转后的矩阵 A' 的第一列载荷进行归一化处理 $w_h^k = a_{k1} / \sum_{k=1}^{k=k'} a_{k1}$，$w^k$ 为可客观体现评价者 k 的主观评价数据中包含真实信息的占比即评价者的评分准确度，进一步可对群体评价者的信息进行客观修正集结，即：

$$y_h = \sum_{k=1}^{k=k'} w_h^k z_h^k \tag{5.5}$$

其中，y_h 为修正后的群体评价者关于指标 h 赋值的综合得分，评价者 k 的准确度越高，则其评分对 y_h 的影响越大。

5.3 模型检验与情景分析

5.3.1 模型检验

为说明上述模型的有效性，需对其进行有效性检验，检验过程应分别计算简单算数加权平均法和本书方法与真实值之间的差异，进而对比两类差异的大小，若前者差异大于后者差异，则说明本书方法有效。

然而，很多实际问题的真实值普遍较难量化（若真实值易量化，实际上则不需要群体参与评价），因此无法通过实验获取；此外，面向某一实际群体评价问题，可人工获取一组数据（真实值数据、传统方法群体评价数据、本书方法群体评价数据），然而单次实验的结果通常不具备较强的说服力，而多次实验将耗费大量的人力物力。

综上所述，本书采用运用 R 语言软件编程进行仿真模拟的方法可解决上述两项问题，既可以运用模拟仿真的方法随机地生成虚拟真实值（在下述仿真模拟过程中简称真实值），又可提升检验效率、降低群体评价成本。

仿真模拟的基本步骤如下：

步骤1：初始化主观评价数据数量 $h \leftarrow h'$，群体评价者人数 $k \leftarrow k'$，给定真实值的上限值 max.real←z_h^+ 和下限值 min.real←z_h^-。初始化真值矩阵 data.real，修正集结评价矩阵 data.factor，简单集结（算数平均）评价矩阵 data.simple，上述矩阵分别为空值矩阵，行数为 h，列数为循环次数 count。

步骤2：设置外循环次数 count←count'，count = 1 时输出的是随机模拟 1 次的结果，count = 2 时输出的是随机模拟 2 次的平均值结果，以此类推。

步骤3：随机生成真实值数据 $z_h \in [z_h^-, z_h^+]$。为便于分析后续数据分析，假设 k 取值越小对应的评价者准确度越高，即其评分波动范围越小，因此可在真实值数据的基础上随机生成群体评价者评分矩阵 $z_h^k \in [z_h^- - k\alpha, z_h^+ + k\alpha]$。其中 α 为评分误差。

步骤4：运用 principal 函数直接进行因子分析［式（5.1）~式（5.4）］，设置公共因子数为 1，因子旋转方式为方差最大旋转。

步骤5：对载荷进行归一化处理，由式（5.5）将生成的评分准确度与原始群体评价数据集结，得到修正后的群体评价数据 $\sum_{k=1}^{k=k'} w_h^k z_h^k$，并储存到 data.factor 矩阵的第 count 列。同时，将原始群体评价数据进行算数平均得到传统群体评价数据 $\sum_{k=1}^{k=k'} z_h^k / k'$ 并储存到 data.simple 矩阵的第 count 列。提取并存储真实值 z_h 到 data.real 矩阵的第 count 列。

步骤6：count←count' +1 返回步骤2，若 count 等于设置的模拟次数则进入步骤7。

步骤7：分别计算与存储 data.simple 与 data.real、data.factor 与 data.real 对应位置数据之间的绝对差异之和 d_1、d_2（模拟次数越多矩阵列数越多，对应的数据也更多，数据量为 $h \times k \times count$）。分别计算与存储 data.simple 与 data.real、data.factor 与 data.real 之间对应位置数据差值的标准差 s_1、s_2。结束程序。

若 d_1 大于 d_2，说明本书方法评分与真实值之间的差异更小，即本书方法更优。同理，若 s_1 大于 s_2，说明本书方法评分与真实值之间的差异数据分布更稳定，即本书方法更稳定。模型检验过程可引入优胜度概率思想，将 $d_1 - d_2$ 定义为差异优胜值，$s_1 - s_2$ 定义为差异标准差优胜值，分别分析多次模拟仿真过程中 d_1 大于 d_2 的次数占总仿真次数的比率 $\tilde{d}$（差异优胜度），s_1 大于 s_2 的次数占总仿真次数的比率 $\tilde{s}$（差异标准差优胜度）。优胜度越接近 100%，则说明本书方法越有效，越贴近 0%，则说明传统方法更优，当优胜度为 50% 时，说明两个方法的优势相等。

依据上述内容，以主观评价数据个数 $h=10$，群体评价者人数 $k=5$，真实值波动范围 [50, 90]，评分误差波动范围 [-1, 1] 为例，设置总仿真次数为 50000 次，分别汇总前 10000 次、20000 次、30000 次、40000 次、50000 次仿真对应的数据信息，结果如表 5.1 所示。

表 5.1　　　　　仿真模拟数据优胜度汇总　　　　　单位：%

	10000 次仿真	20000 次仿真	30000 次仿真	40000 次仿真	50000 次仿真
$\tilde{d}$	95.13	95.07	95.17	95.25	95.19
$\tilde{s}$	97.89	97.86	97.88	97.93	97.92

运用配对样本 T 检验方法分析 50000 次仿真下，d_1 与 d_2、s_1 与 s_2 的样本均值之差，置信度为 99%，如表 5.2 所示。

表 5.2　　　　　配对样本检验

	配对差值					t	自由度	显著性双尾
	平均值	标准差	标准误差平均值	差值 99% 置信区间				
				下限	上限			
$d_1 - d_2$	0.03458	0.03530	0.00016	0.03417	0.03498	219.020	49999	0.000
$s_1 - s_2$	0.00415	0.00374	0.00002	0.00410	0.00419	248.028	49999	0.000

分析表 5.1 和表 5.2 可得到如下三点结论：

（1）本书方法仿真验证结果相对稳定，随着仿真次数的增多，相关优胜度数据并未发生较大变化。

（2）从与真实值差异的角度分析，本书方法优胜度达到 95% 以上。从与真实值差异数据的稳定性角度分析，本书方法优胜度达到 97% 以上。即本方法大概率优于传统方法。

（3）在 99% 置信度水平下，d_1 与 d_2 差异平均值大于零、s_1 与 s_2 差异平均值大于零。且 $\tilde{d}$ 与 $\tilde{s}$ 两组数据的高度正相关（相关系数为 0.91），说明本书方法相比传统方法更为有效且更为稳定。

5.3.2 情景分析

实际群体评价问题的具体情景一般存在差异，为便于评价制定者在评价期初了解相关参数对优胜度的影响程度，结合上述模型检验内容，本书总结归纳四类可导致客观修正方法优胜度变化的常见情景。（1）情景 1 为主观评价数据数量变化情景：当被评价对象或评价指标数量发生变化时，会导致主观评价数据数量 h 也随之发生变化；（2）情景 2 为群体评价者数量变化情景：当评价问题难度或重要性发生变化时，可导致群体评价评价者数量 k 也随之发生变化；（3）情景 3 为真实值取值区间变化情景：当群体评价问题发生变化时，会导致群体评价数据真实值取值区间 [$min.real$, $max.real$] 也随之发生变化；（4）情景 4 为评分误差变化情景：当评价者群体水平发生变化时，可导致提供的群体评价数据与真实值之间的差异也随之变化，即评分误差 α 发生了改变。

因仿真次数 10000 次与 50000 次的验证结果基本相同，为提升模拟效率，以下情景的仿真次数均为 10000 次。四类情景的仿真模拟均以上述模型检验内容为基础，除情景对应的单个参数发生变化外，其他参数均与模型检验相同。（1）情景 1：设置总仿真次数 10000 次，外循环 h 为 5~15；（2）情景 2：设置总仿真次数 10000 次，外循环 k 为 5~15；（3）情景 3：设置总仿真次数 10000 次，真实值取值 $min.real = 30$，$max.real = \{40, 45, 50, \cdots, 90\}$；（4）情景 4：设置总仿真次数 10000 次，设置真实值取值 $\alpha = \{1, 1.2, 1.4, \cdots, 3\}$。为进一步分析上述情景输出结果，分别汇总四类情景下本书方法相对传统方法的优胜度，如表 5.3、表 5.4 所示。上述情景 1~情景 4 得到的汇总仿真结果如图 5.1 所示。

表 5.3　　　　　　　情景与差异优胜度汇总　　　　　　单位：%

情景 1		情景 2		情景 3		情景 4	
h	$\tilde{d}$	k	$\tilde{d}$	$max.real$	$\tilde{d}$	α	$\tilde{d}$
5	78.49	5	95.52	40	86.38	1	95.79
6	84.09	6	95.06	45	92.00	1.2	94.77
7	88.92	7	94.69	50	93.85	1.4	94.99

续表

情景1		情景2		情景3		情景4	
h	$\tilde{d}$	k	$\tilde{d}$	max.real	$\tilde{d}$	α	$\tilde{d}$
8	92.03	8	93.91	55	94.71	1.6	94.64
9	93.67	9	93.86	60	95.18	1.8	94.20
10	95.02	10	92.93	65	95.17	2.0	93.60
11	96.80	11	92.71	70	95.28	2.2	93.22
12	97.24	12	91.82	75	95.42	2.4	91.83
13	97.99	13	91.37	80	95.45	2.6	91.95
14	98.39	14	90.32	85	95.37	2.8	91.41
15	98.75	15	89.39	90	95.84	3.0	90.87

表5.4　　　　　　　情景与差异标准差优胜度汇总　　　　　　单位:%

情景1		情景2		情景3		情景4	
h	$\tilde{s}$	k	$\tilde{s}$	max.real	$\tilde{s}$	α	$\tilde{s}$
5	83.18	5	97.97	40	90.19	1	98.23
6	89.05	6	97.79	45	95.45	1.2	97.70
7	93.26	7	97.30	50	96.79	1.4	97.61
8	95.81	8	96.95	55	97.60	1.6	97.46
9	97.00	9	96.13	60	97.84	1.8	97.16
10	97.99	10	95.51	65	97.99	2.0	96.85
11	98.55	11	95.45	70	97.95	2.2	96.39
12	99.09	12	94.28	75	97.97	2.4	95.83
13	99.29	13	93.85	80	98.30	2.6	95.64
14	99.60	14	92.76	85	98.31	2.8	94.83
15	99.64	15	92.51	90	98.08	3.0	94.36

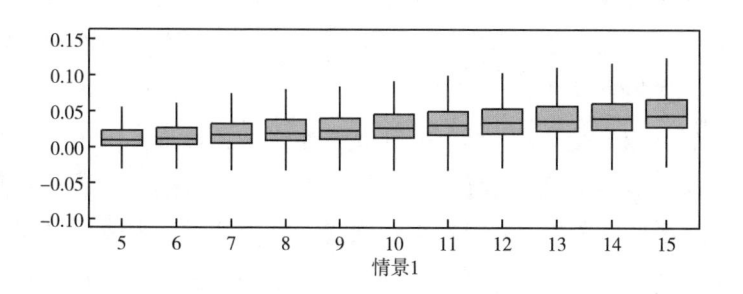

情景1

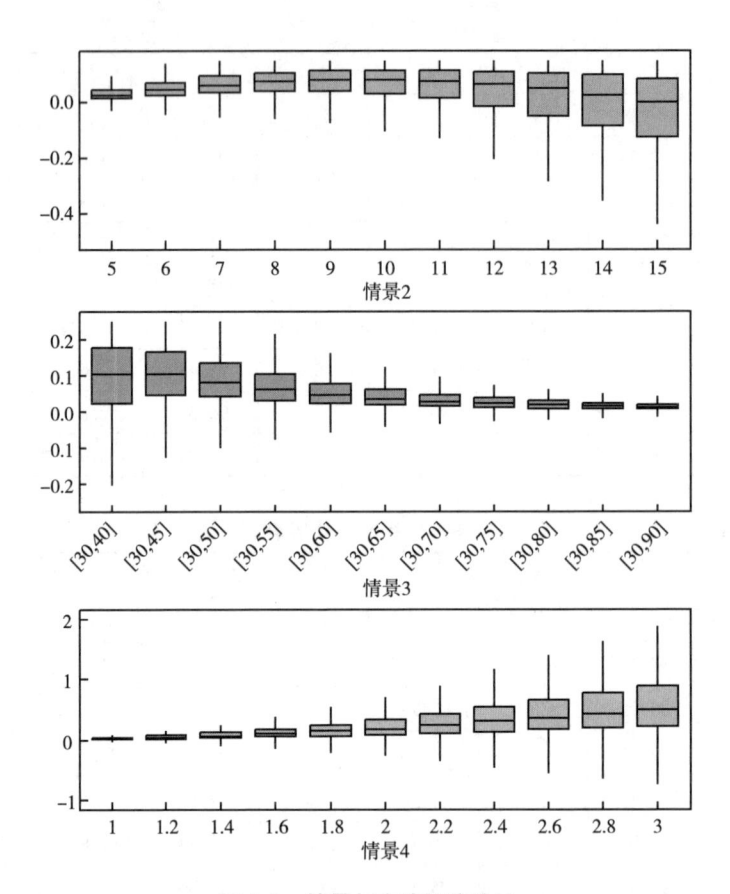

图 5.1　情景与方法评分差异

注：图中各情景横坐标对应相应的参数变化情况，纵坐标对应优胜值 d_1-d_2 的取值，为明确区分差异变化趋势，图中并未显示离群点。

分析图 5.1、表 5.3、表 5.4 可得到如下几点结论：

（1）当情景变化时，优胜度变化的趋势和幅度存在一定差异，但各情景下本方法相对传统方法的差异优胜度、差异标准差优胜度均较高。各情景的差异标准差优胜度整体高于差异优胜度，这说明本书方法的稳定性略高于传统方法的有效性。

（2）情景参数变化均对方法优胜度产生影响，情景 1 中主观评价数据数量越多时，本书方法优胜值越大且优胜度更大，采用本书方法更为有效。情景 2 中群体评价者数量过多将降低方法优胜度，当评价者数量居中时优胜值越大。情景 3 说明随着真实值取值区间的增加，优胜度随之上升，但优胜值随之下降。情景4说明当群体评价者水平差异较大时，优胜度会随之下降，但优胜值则随之上升。

（3）随着参数的逐渐增大，情景1~情景3样本数据的四分位差与上下相邻点的距离也随之增大，即随参数的增加，差异数据分布相对较为分散；情景4则相反，随着参数的增加，数据越来越集中，四分位差与上下相邻点的距离也越来越小。

5.4 应用算例

为评价辽宁省16个县级市的卫生（计生）部门卫生应急能力现状，需要确定评价指标的权重。根据国家卫生健康委员会办公厅《关于印发卫生应急能力评估工作指导方案的通知》的指导意见，选取的8个一级指标名称和相应归一化后的5位群体评价者赋权数据如表5.5所示。

表5.5　　　　　　　　评价指标群体赋权信息

序号	指标	$k=1$	$k=2$	$k=3$	$k=4$	$k=5$
$h=1$	体系建设	0.0987	0.1044	0.0929	0.0596	0.0852
$h=2$	应急队伍	0.1656	0.1562	0.1750	0.1327	0.1624
$h=3$	装备储备	0.1120	0.1206	0.1159	0.1673	0.1238
$h=4$	培训演练	0.1304	0.1222	0.1323	0.0942	0.1238
$h=5$	宣传科研	0.1020	0.1058	0.1233	0.0115	0.0932
$h=6$	检测预警	0.1405	0.1357	0.1363	0.1654	0.1222
$h=7$	应急处置	0.1455	0.1578	0.1323	0.2558	0.1688
$h=8$	善后评估	0.1054	0.0972	0.0920	0.1135	0.1206

结合表5.5运用式（5.1）~式（5.4）计算，可得到五位评价者的公共因子 f_1 对应的载荷分别为0.964、0.977、0.831、0.748、0.941，对载荷进行归一化处理，运用式（5.5）可得到各一级指标对应的权重如表5.6所示。为对比本分方法与传统方法（简单算数加权平均）是否存在差异，表5.6同时展示了传统方法对应的权重结果。由表5.6可知，采用新的方

法会导致评价数据和排序与传统方法存在差异，但该差异在一定范围内波动即相对稳定。

表 5.6　　　　　　　　　　指标权重信息

	h = 1	h = 2	h = 3	h = 4	h = 5	h = 6	h = 7	h = 8
传统方法	0.0882	0.1584	0.1279	0.1206	0.0872	0.1400	0.1720	0.1057
传统排名	7	2	4	5	8	3	1	6
本书方法	0.0895	0.1591	0.1264	0.1215	0.0898	0.1390	0.1691	0.1057
传统排名	8	2	4	5	7	3	1	6

5.5　本章小结

群体评价者的背景、经验、知识等可能存在理性差异，面向群体评价中群体评价者主观评分这一行为中可能存在冗余行为数据这一问题，依据因子分析法去除冗余信息的核心思想，本书保留信息载荷最大的公共因子并构建了群体评价主观数据的冗余行为客观修正模型，进而基于随机模拟方法验证了方法的可行性。

该方法具有以下三个特征：（1）提取群体评价数据中的公共因子即体现真实值的因子并将其转化为群体评价者权重，可在一定程度上去除数据中包含的冗余信息，在提升评价数据精度的同时可降低主观方法优化数据耗费的成本、提升评价效率。（2）当情景参数改变时，本书方法优胜度和标准差优胜度（稳定性）也随之发生变化，两者呈现正相关关系。当评价数据数量提升或初始估计的真实值取值差异增大时，本书方法的优胜度数据也随之升高。当群体评价者数量增多或意见较为分散时，本书方法优胜度随之降低。（3）通过仿真模拟检验可知本书方法相比传统方法具有一定的优越性，不同情景下本书方法的优胜度仍较高，本书方法具有一定的有效性和稳定性。评价者可结合具体的评价问题选择相应的方法集结群体主观评价数据。

第6章 客体提升数据的情感融入

6.1 引 言

本书将综合评价与多源数据驱动相结合，在传统评价流程的基础上融入客体行为数据量化这一环节，并应用到辽宁省城市可持续评价领域。与现有的研究不同，本书提出了一种新的多源数据驱动加权方法。基于集体智慧和大规模群体决策的启发，本书首先进行了数据挖掘以及对领导留言板上的信息进行情感分析。其次，提取了公众对社会、经济和环境系统的情感态度，并将其转化为公众情感权重，即对客体情感数据进行定量转化。最后，通过考虑数据的静态分布和动态趋势，提出了状态趋势权重，以指导评价客体的指标值逐步提高。新的主客观融合权重是基于上述两种赋权方法的组合形成的。

本书是对可持续城市、综合评价和数据挖掘的交叉拟合研究。研究的新颖性体现在两个方面：一是融合赋权方法的设计；二是结果的曲线拟合回归。采用多源数据驱动赋权方法考虑评价的主客观需求。这种方法具有降低成本、提高效率的特点。此外，该方法融合了以人为本的城市可持续性理念。为验证研究方法的有效性，对评价值进行了曲线拟合回归。分析结果与实际情况相符，说明了该方法的可行性。同时，研究结论为研究区域提供了更详细的发展策略。

6.2 研究案例与数据来源

辽宁是中国的省级行政区域，位于中国东北部，北纬38°43′~43°26′，东经 118°53′~125°46′。过去几十年，辽宁省的煤炭、钢铁、化工等重工业发展迅速。然而，辽宁省也为此付出了牺牲环境的代价，诸如空气质量下降、绿地面积减少等问题日益严重。因此，评价辽宁省城市的可持续发展水平是非常必要的。相关统计数据来源于辽宁省 2019 年统计年鉴。

研究数据包括指标值和权重数据两个部分。指标值数据可通过查阅辽宁省统计年鉴获取。因此，为了确保评价的动态连续性，本书查阅的统计年鉴为辽宁省 2015~2019 年的统计年鉴，相应的研究数据为辽宁省 2014~2018 年的统计数据。

权重数据可分为客观数据和主观数据两类。通过分析上述指标值的状态和趋势，可以得到客观赋权数据。主观权重是通过挖掘人民网领导留言板上数千条公众留言的情感态度来获得的。领导留言板是领导者与公众互动的在线平台。公众可以向各级领导表达自己的诉求、问题，并提出意见和建议，由地方领导和地方行政部门处理和回应。辽宁省留言板上主题众多，有教育、就业、医疗、公安、金融、企业、农业、娱乐、城市建设、环保、交通、旅游等话题。在接下来的研究中，将不同主题对应的内容分为三类：社会类别、经济类别和环境类别。社会类别包括教育、就业、医疗和公共安全主题；经济类别包括金融、企业、农业和娱乐主题；环境类别包括城市建设、环境保护、交通和旅游主题。

6.3　指标体系构建

指标体系的构建是一个"仁者见仁，智者见智"的过程。通过遵循评价指标体系构建的相应原则，可以在一定程度上降低评价成本和评价结果的不一致程度。城市可持续性评价的指标体系应遵循以下三个原则：

原则 1：从评价目的出发，即社会、经济和环境系统共同实现可持续发展，所选指标应服务于评价目的。

原则 2：指标体系应尽可能全面、独立。然而，全面性和独立性可能会相互制约，因此它们之间需要结合实际情况进行权衡。

原则 3：所需的人力、物力和财力应在评价者和各城市的客观环境条

第 6 章 客体提升数据的情感融入

件允许范围内，特别是数据应是可收集且可量化的。

基于上述指标选取原则，可持续发展指标体系的指标选取兼顾了三支柱模型、主要文献综述以及我国政府最近发布的政策文件的社会系统、经济系统和环境系统。构建的评价指标体系框架由 24 项指标组成，社会系统、经济系统、环境系统的指标分别为 8 个，这样也便于不同系统评价值大小的比较。指标体系如表 6.1 所示。为了提高社会系统效益、经济系统利益和环境系统的合理性，选择相应的指标。

表 6.1　　　　城市可持续性评价选择的指标体系

维度	指标［代码］	指标选择的原因
社会	人口自然增长率［C1］	反映社会老龄化程度，老龄化社会不利于可持续性
	互联网普及率［C2］	互联网在促进社会可持续性方面具有两个重要作用
	城市登记失业率［C3］	它是一个国家或地区失业率的主要指标，失业对可持续性产生了严重的负面影响
	员工平均工资［C4］	员工工资与城市吸引力、社会系统中居民幸福指数密切相关
	卫生机构人员比例［C5］	反映一个地区的医疗水平及居民的身体健康状况
	人均医疗机构床位数［C6］	它是反映医疗服务规模的指标，是判断社会系统医疗服务发展水平的参考指标
	高校专任教师比例［C7］	体现了城市对教育的重视
	每 10 万人口中在校学生的平均人数［C8］	在校学生越多，高素质的劳动者和人才就越多
经济	人均 GDP［C9］	反映经济发展的整体水平
	服务业占 GDP 比重［C10］	反映服务业发展水平
	人均一般公共预算收入［C11］	从税收的角度衡量经济水平
	人均消费品零售额［C12］	从消费的角度衡量经济水平
	人均对外投资［C13］	衡量对外经济贸易水平
	金融机构人均存款［C14］	反映不同城市金融机构的存款水平
	常住人口人均可支配收入［15］	反映常住人口的经济水平
	人均进出口额［C16］	衡量区域进出口价值

续表

维度	指标［代码］	指标选择的原因
环境	人均绿地面积［C17］	城市绿地环境
	人均城市道路面积［18］	城市交通环境
	人均日生活用水量［C19］	公民节水意识
	人均城市环卫车辆［C20］	城市环保投资，它反映了减少污染的努力
	单位GDP工业废水排放量［C21］	工业废水排放造成的环境污染
	单位GDP工业废气排放量［C22］	工业废气排放造成的环境污染
	单位GDP工业固体废物排放量［C23］	固体废物排放造成的环境污染
	单位GDP危险废物排放量［C24］	危险废物排放造成的环境污染

注：在指标体系中，C3，C19和C21~C24为极小型指标；其余的都是极大型指标。

指标之间的相关性可能会导致信息的部分重叠。但如果去掉相关指标，就不能反映出指标选择的全面性。严格来说，由于数据可访问性的限制，所选的指标不能完全代表城市可持续性的所有方面，指标之间也不能完全独立。例如，某些城市的空气质量指标在某些时期缺失，因此该指标未纳入指标体系。随着未来统计数据管理的改进，本书将考虑增加更合理的指标。

6.4 研究方法

不失一般性，设 $x_{ij}(t_k)$ 表示备选方案 $o_i(i=1,2,\cdots,n)$ 在时间 t_k ($k=1,2,\cdots,l$) 对应的指标 $u_j(j=1,2,\cdots,m)$ 的实际值，w_j 表示指标 u_j 的权重，令 $y_i(t_k)$ 表示城市可持续性的评价值，则有：

$$y_i(t_k) = \sum_{j=1}^{m} w_j x_{ij}(t_k) \tag{6.1}$$

其中，$x_{ij}(t_k)$ 的值可在6.3节指标体系建立后查阅统计年鉴获得。此外，w_j 可以通过分析和挖掘6.2节中的多源数据来确定。本书对社会公众的主观情感态度、城市客观指标值的状态和趋势等多源数据进行搜寻、整理和分析，并将其整合到权重确定方法中。所提出的赋权方法的框架如图 6.1 所示。

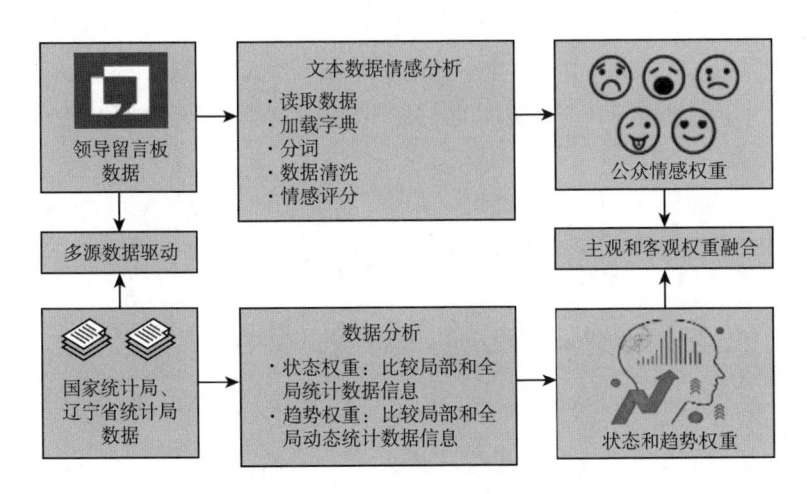

图 6.1　赋权方法构建框架

6.4.1　公众情感权重

公众情感权重的计算步骤如下：

步骤 1：网络文本信息的收集和分类。辽宁省省长和书记的留言板内容由八爪鱼软件收集。八爪鱼软件通过自定义配置、组合应用程序和自动化处理，帮助整个数据收集过程实现数据的完整性和稳定性。截至 2020 年 9 月 30 日，共收集了 3777 条文本信息。同时，收集了与这些文本相对应的主题，并将其分为三类：社会（1087 条文本信息）、经济（444 条文本信息）和环境（2246 条文本信息）。值得注意的是，本书通过对信息的分析来衡量公众的相对情感态度。因此，三类系统在信息量上的差异只反映了公众对每个系统的关注程度，而这并不影响本书的情感分析。

步骤 2：数据整理。使用 R 软件进行数据整理。首先，载入情感词典，即中国台湾大学的简体中文情感极性词典。其次，加载文本数据，并对第一步中收集的数据进行分词处理。最后，删除停用词、单个汉字和空字符。

步骤 3：文本情感分析。使用 R 软件来计算每条信息的总长度、积极词数和消极情感词数。需要注意的是，不同的留言者留下的词字符差异会导致情感词数量的差异，即字符越多，情感词越多，反之亦然。因此，可以用积极和消极情感单位词数来表示每条信息对应的情感得分。

步骤4：计算公众情感权重。如果对于某一类型的指标，公众评论的消极情感大于积极情感，应该更加关注这个指标，并给予它更多的权重，即：

$$\begin{cases} E_{So} = \sum_{m \in So}(S_m^-/C_m)/\sum_{m \in So}(S_m^+/C_m) \\ E_{Ec} = \sum_{m \in Ec}(S_m^-/C_m)/\sum_{m \in Ec}(S_m^+/C_m) \\ E_{En} = \sum_{m \in En}(S_m^-/C_m)/\sum_{m \in En}(S_m^+/C_m) \end{cases} \quad (6.2)$$

$$\begin{cases} W_{So} = E_{So}/(E_{So} + E_{Ec} + E_{En}) \\ W_{Ec} = E_{Ec}/(E_{So} + E_{Ec} + E_{En}) \\ W_{En} = E_{En}/(E_{So} + E_{Ec} + E_{En}) \end{cases} \quad (6.3)$$

式（6.2）和式（6.3）分别代表社会、经济和环境类别的公众情感得分和情感权重。S_m^-是信息m中消极情感词汇的数量，S_m^+是信息m中积极情感词汇的数量，C_m是信息m的总长度，$\sum S_m^-/C_m$、$\sum S_m^+/C_m$分别表示单位字数的消极情感和单位字数的积极情感，$\sum(S_m^-/C_m)/\sum(S_m^+/C_m)$是情感比例。$So$、$Ec$和$En$分别表示社会、经济和环境类别中包含的相应信息和指标集。

6.4.2 状态趋势权重

状态趋势权重由状态权重和趋势权重组成。在设置权重时，也考虑了数据的静态分布和动态趋势。考虑到原始数据类型不一致，量纲也不同，因此必须使用动态平均范围法对数据进行处理，并将其转换为一种可以统一计算的形式，使得：

$$x_{ij}(t_k) = \begin{cases} (x_{ij}^o(t_k) - \min_i x_{ij}^o(t_k))/(\max_i x_{ij}^o(t_k) - \min_i x_{ij}^o(t_k)), \text{如果} u_j \text{是一个极大指标} \\ (\max_i x_{ij}^o(t_k) - x_{ij}^o(t_k))/(\max_i x_{ij}^o(t_k) - \min_i x_{ij}^o(t_k)), \text{如果} u_j \text{是一个极小指标} \end{cases}$$

$$(6.4)$$

其中，$x_{ij}^o(t_k) \in [0, 1]$ 是原始数据；$x_{ij}(t_k) \in [0, 1]$ 是标准化之后的指标值。

行为引导的思想被整合到状态趋势权重设置的过程中。对于静态数据，当所有城市的某一项指标都相对较小时，说明此时该指标应有所改进。同样，对于动态数据，当大多数城市的一个指标的两个相邻时期的数据变化相对较小时，这意味着该指标应予以改进，即：

$$x_{ij}^S(t_k) = \begin{cases} 1, \text{如果 } x_{ij}(t_k) < \sum_i x_{ij}(t_k)/n \\ 0, \text{如果 } x_{ij}(t_k) \geq \sum_i x_{ij}(t_k)/n \end{cases} \quad (6.5)$$

$$x_{ij}^T(t_k) = \begin{cases} 1, \text{如果 } \Delta x_{ij}(t_k) < 0 \\ 0, \text{如果 } \Delta x_{ij}(t_k) \geq 0 \end{cases} \quad (6.6)$$

其中，$x_{ij}^S(t_k)$ 和 $x_{ij}^T(t_k)$ 分别代表更新后的状态值和趋势值，$\Delta x_{ij}(t_k)$ 表示不同相邻时间点指标的变化。如果 $k = 1$，则 $\Delta x_{ij}(t_k) = 0$；否则，$\Delta x_{ij}(t_k) = x_{ij}(t_k) - x_{ij}(t_{k-1})$。如果 $x_{ij}(t_k) < \sum_i x_{ij}(t_k)/n$ 或 $\Delta x_{ij}(t_k) < 0$，则意味着需要调整相应指标。使 $x_{ij}^S(t_k) = 1$ 或 $x_{ij}^T(t_k) = 1$，以便整体水平较低的指标权重更大。相反，如果 $x_{ij}(t_k) \geq \sum_i x_{ij}(t_k)/n$ 或 $\Delta x_{ij}(t_k) \geq 0$，则使 $x_{ij}^S(t_k) = 0$ 或 $x_{ij}^T(t_k) = 0$，以便整体水平较高的指标权重更小。基于此，可以给需要改进的指标赋予更大的权重，而改进较少的指标应该赋予较小的权重，那么：

$$w_j^{ST} = \alpha \frac{\sum_k \sum_i x_{ij}^S(t_k)}{\sum_j \sum_k \sum_i x_{ij}^S(t_k)} + (1 - \alpha) \frac{\sum_k \sum_i x_{ij}^T(t_k)}{\sum_j \sum_k \sum_i x_{ij}^T(t_k)} \quad (6.7)$$

其中，$\alpha \in [0, 1]$ 是一个调整参数。如果更关注状态数据，α 值越大；如果对趋势数据的关注越多，α 值就越小。不失一般性，可以使 $\alpha = 0.5$。$w_j^{ST} \in [0, 1]$ 是指标 u_j 的状态趋势权重，$\sum_k \sum_i x_{ij}^S(t_k) / \sum_j \sum_k \sum_i x_{ij}^S(t_k)$、$\sum_k \sum_i x_{ij}^T(t_k) / \sum_j \sum_k \sum_i x_{ij}^T(t_k)$ 分别代表状态权重和趋势权重。

6.4.3 主客观融合权重

通过式（6.1）~式（6.7）的组合，可得到主客观融合权重，即：

$$w_j = \begin{cases} w_{So} w_j^{ST} / \sum_j w_j^{ST}, & \text{如果 } j \in So \\ w_{Eo} w_j^{ST} / \sum_j w_j^{ST}, & \text{如果 } j \in Eo \\ w_{En} w_j^{ST} / \sum_j w_j^{ST}, & \text{如果 } j \in En \end{cases} \quad (6.8)$$

其中，$w_j \in [0,1]$，$\sum_j w_j = 1$。公众情感权重是考虑公众对每个系统的态度的主观权重；状态趋势权重是考虑数据状态和趋势的客观权重。

每个城市的主观权重相同的原因如下。首先，可持续性问题不会在每个城市都完全一样，城市可持续性的评价值由指标值和指标权重组成，指标值反映了各城市可持续性的差异。其次，设置相同的主观权重，有利于辽宁省可持续发展战略的总体指导和制定。最后，如果各城市的主观权重不同，可能会出现个别城市的优势指标值对应的指标权重较高，而其他城市的指标权重较低的现象。这可能会导致排名较低城市的不满。基于以上考虑，本书设定的主观权重是通过对辽宁省14个城市的公众情感分析得出的统一权重。

6.5 结果分析与相关建议

6.5.1 计算结果分析

通过收集表6.1中所列指标数据，结合6.4节所示的赋权模型，运用式（6.2）和式（6.3）得到了辽宁省的公众情感权重，如表6.2所示。

表6.2　　　　　　　公众情感权重和情感数据

	单位字数的积极情感	单位字数的消极情感	感情比	公众情感权重
社会	29.8532	27.4231	0.9186	0.2779
经济	10.8353	12.7738	1.1789	0.3566
环境	57.5274	69.5217	1.2085	0.3655

结果发现，对社会系统的消极情感关注比例低于经济系统和环境系统。环境系统的消极情感关注的比例略高于经济系统。以上数据分析结果与实际情况一致。辽宁省作为一个传统工业大省，虽然近年来环境保护取得了一些进展，但生态环境问题依然严峻，公众对环境保护表达了强烈的期盼。近年来，辽宁省的经济状况落后于中国的许多省份。该地区 GDP 同比呈下降趋势（2014～2018 年，该地区 GDP 从 286265.8 亿元降到 235105.4 亿元）。这种下降对人们的生活带来了许多直接和间接的影响，如工人工资下降、大学生就业机会减少等。所以经济系统的情感关注度相对较高。

假设 $\alpha=0.5$，运用式（6.4）~式（6.7）计算辽宁省的状态权重、趋势权重和状态趋势权重，如图 6.2 所示。当参数 α 发生变化时，状态趋势权重的值仍在各指标对应的垂直线内，指标 C14 的状态权重与趋势权重之间的差异较大，而指标 C21 与指标 C22 之间的差异较小。以指标 C14 为例，状态权重处于高点，趋势权重处于低点，说明对指标值改进的需求高于对趋势改善的需求。垂直距离越远，需求差距就越大。

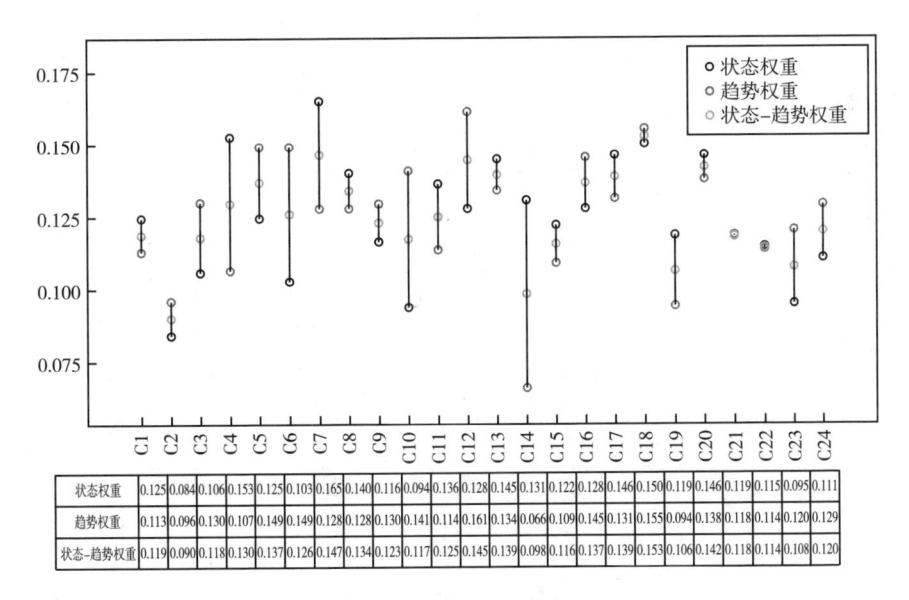

	C1	C2	C3	C4	C5	C6	C7	C8	C9	C10	C11	C12	C13	C14	C15	C16	C17	C18	C19	C20	C21	C22	C23	C24
状态权重	0.125	0.084	0.106	0.153	0.125	0.103	0.165	0.140	0.116	0.094	0.136	0.128	0.145	0.131	0.122	0.128	0.146	0.150	0.119	0.146	0.119	0.115	0.095	0.111
趋势权重	0.113	0.096	0.130	0.107	0.149	0.149	0.128	0.128	0.130	0.141	0.114	0.161	0.134	0.066	0.109	0.145	0.131	0.155	0.094	0.138	0.118	0.114	0.120	0.129
状态-趋势权重	0.119	0.090	0.118	0.130	0.137	0.126	0.147	0.134	0.123	0.117	0.125	0.145	0.139	0.098	0.116	0.137	0.139	0.153	0.106	0.142	0.118	0.114	0.108	0.120

图 6.2　状态趋势权重

注：图中横轴表示各指标，纵轴表示权重值。

基于上述数据和式（6.8），计算辽宁省可持续性评价的最终主客观融合权重，如表6.3所示。运用式（6.1）计算了辽宁省14个地级市的可持续性表现，如表6.4所示。城市o_i的平均评价值i是由$\bar{y}_i = \sum y_i(t_k)/l$获得，增长率是由$\tilde{y}_i = 100\% * (y_i(t_l) - y_i(t_1))/(l * y_i(t_1))$计算的。辽宁省的平均值和增长率为$y = \sum_i \bar{y}_i/n = 0.4318$，$\tilde{y} = \sum_i \tilde{y}_i/n = -0.54\%$。

表6.3　　　　　　　　　主客观融合权重

社会	w_{So}	经济	w_{Eo}	环境	w_{En}
C1	0.0330	C9	0.0439	C17	0.0507
C2	0.0250	C10	0.0418	C18	0.0558
C3	0.0328	C11	0.0446	C19	0.0389
C4	0.0360	C12	0.0516	C20	0.0519
C5	0.0380	C13	0.0497	C21	0.0433
C6	0.0350	C14	0.0351	C22	0.0417
C7	0.0407	C15	0.0412	C23	0.0393
C8	0.0372	C16	0.0487	C24	0.0438

表6.4　　　　　　　　　14个城市的动态评分情况

城市	评价值					平均值	平均排名	增长率（%）
	2014年	2015年	2016年	2017年	2018年			
沈阳	0.7831	0.7756	0.7451	0.7839	0.7534	0.7682	2	-0.76
大连	0.8135	0.7973	0.8071	0.8020	0.7891	0.8018	1	-0.60
鞍山	0.4295	0.4119	0.4462	0.4515	0.4173	0.4313	5	-0.57
抚顺	0.4217	0.4157	0.3803	0.3924	0.3362	0.3892	7	-4.06
本溪	0.4055	0.3563	0.3840	0.3633	0.2932	0.3605	9	-5.54
丹东	0.4233	0.3648	0.4150	0.4682	0.3874	0.4117	6	-1.70
锦州	0.3436	0.3645	0.3961	0.4099	0.3818	0.3792	8	2.22
营口	0.4202	0.3893	0.4749	0.4676	0.4766	0.4457	4	2.69
阜新	0.2797	0.3345	0.3724	0.3857	0.3468	0.3438	11	4.80

续表

城市	评价值					平均值	平均排名	增长率（%）
	2014 年	2015 年	2016 年	2017 年	2018 年			
辽阳	0.3430	0.3614	0.3722	0.3371	0.3566	0.3541	10	0.79
盘锦	0.5074	0.4741	0.5109	0.5527	0.5702	0.5230	3	2.47
铁岭	0.2880	0.2844	0.2948	0.2346	0.2315	0.2666	14	−3.92
朝阳	0.2606	0.2704	0.2937	0.3256	0.2868	0.2874	12	2.01
葫芦岛	0.3322	0.2743	0.2868	0.2759	0.2414	0.2821	13	−5.47

从表 6.4 和图 6.3 中可以得出以下结论，从评价值的角度分析，大连和沈阳的可持续性得分较高，铁岭、朝阳和葫芦岛的得分较低，其他城市得分居中。沈阳、大连、盘锦的排名近年来没有变化，抚顺的排名变化最大，2015 年排名第 4 位，2018 年排名第 10 位。其他城市的最高和最低排名在第 2 位、第 3 位和第 4 位之间波动。阜新的增长率最快，年平均增长率为 4.8%，而本溪的年增长率为 −5.54%。过去几年，有 6 个城市正增长，8 个城市负增长。营口和盘锦的评价值和增长率均高于省平均水平。相反，鞍山、抚顺、本溪、丹东、铁岭和葫芦岛的评价值和增长率均低于省平均水平。虽然大连和沈阳的得分高于平均水平，但它们的增长势头不足。锦州、阜新、辽阳和朝阳的增长率高于平均值，但得分仍较低。

为了分析造成各城市可持续性表现差异的具体原因，各城市的社会、经济和环境系统的可持续性评价值如图 6.3 所示。每年的社会、经济、环境系统的评价值可分别用 $y_i^{So}(t_k) = \sum_{j=1}^{j=8} w_j x_{ij}(t_k)$、$y_i^{Eo}(t_k) = \sum_{j=9}^{j=16} w_j x_{ij}(t_k)$、$y_i^{En}(t_k) = \sum_{j=17}^{j=24} w_j x_{ij}(t_k)$ 来计算。可以看出，这三种系统的评价值有很大不同。每年社会、经济和环境系统的最大和最小评价值分别在 [0.18, 0.23]、[0.33, 0.34] 和 [0.10, 0.17] 的范围内波动。14 个城市的经济系统差异最大，环境系统差异最小，社会系统差异居中，这说明辽宁省各城市的经济可持续性存在较大差异，而环境可持续性差异相对较小。

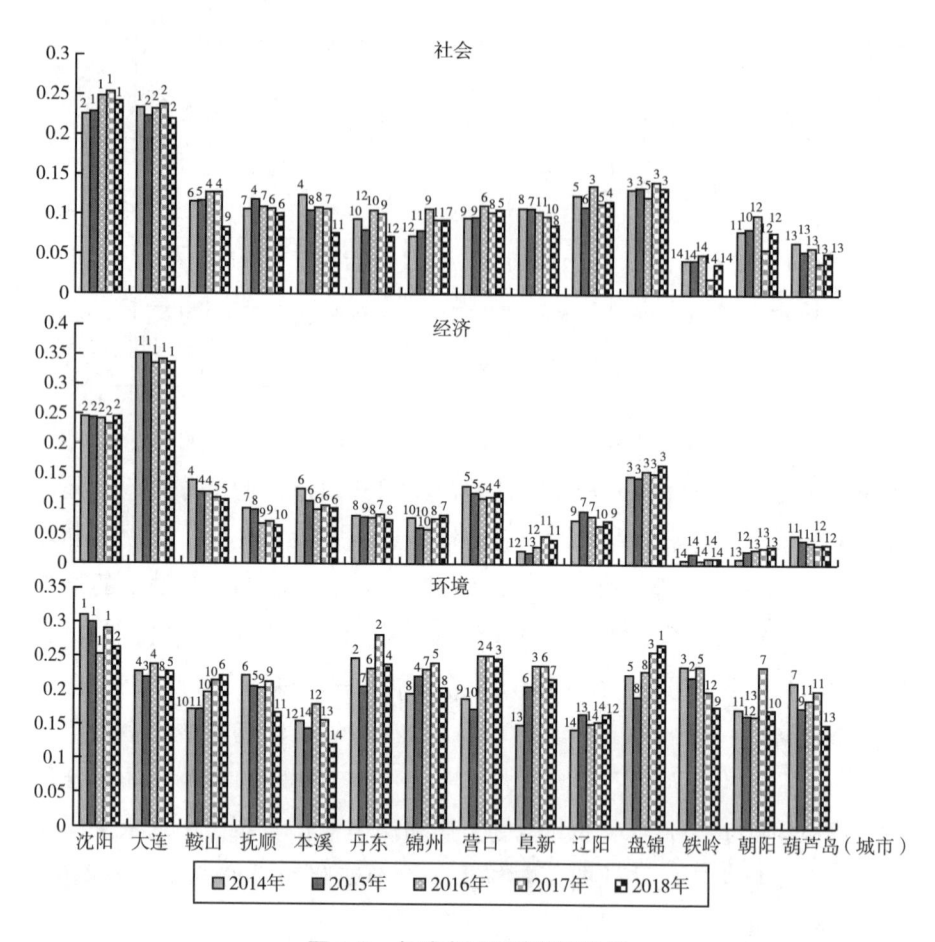

图 6.3　各城市子系统的评价值

注：纵轴表示这三个系统的性能值，条形图上标记的数字代表了每个城市在不同系统中的排名。

沈阳、大连、盘锦的社会评价值均较好，而铁岭、朝阳、葫芦岛则相对较差。沈阳、大连、铁岭、葫芦岛等城市在社会系统上的高低排名几乎没有变化，而鞍山和本溪等一些城市则发生了显著变化。沈阳、大连和盘锦的经济和社会评价基本一致，铁岭、朝阳和阜新的经济评价结果不佳。大多数城市的经济排名变化不大。沈阳、大连、丹东的环境评价相对较好，本溪、朝阳、辽阳的环境评价相对较差。各城市的环境系统值的变化均比其他两个系统的变化更大。

为了验证本书方法的有效性，使用 SPSS 软件对三组样本数据（每组

70 个观测数据),即 2014~2018 年 14 个城市的系统评价值进行曲线拟合回归。为找到最佳拟合模型,每组选择 9 个模型,如对数模型、二次模型、复合模型等。通过对软件输出的分析,选择了每种情况下的最佳拟合曲线,如图 6.4 中的粗线所示。即选择了一个显著性水平值较小,R^2 值较大的模型。

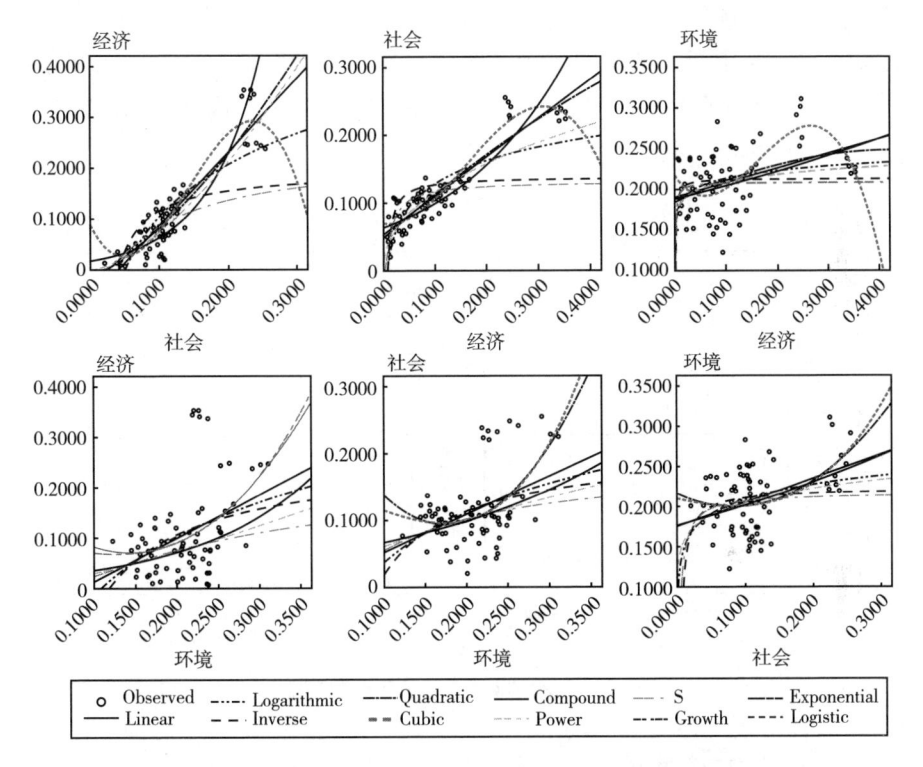

图 6.4　社会、经济、环境系统中城市得分的曲线估计

注:横轴表示自变量,纵轴代表因变量,粗线是在不同情况下的最佳拟合曲线。

可以看出,社会经济系统、经济环境系统和社会环境系统对应的最大 R^2 分别为 [0.85, 0.86]、[0.17, 0.30] 和 [0.22, 0.25]。R^2 用于反映回归方程解释的方差与因变量方差的百分比,也就是说,社会经济系统的相关性要优于经济环境系统以及社会环境系统的相关性。这与协调发展理论一致,经济发展将推动社会发展,社会发展也将推动经济发展。经济社会系统的发展有时对环境有积极的影响,有时也有消极的影响,因此相关性较低。

进一步根据上述评价结果进行聚类分析，如图6.5所示。根据碎石图，将14个城市分成四组。第一个聚类为沈阳，其平均值在 [0.24, 0.29] 的范围内波动，这个城市的三个系统都是可持续且相对平衡的。第二个聚类为大连，其平均值在 [0.23, 0.35] 的范围内波动，城市的经济系统发展良好，但社会和自然系统需要进一步改进。第三个聚类为鞍山、抚顺、本溪、丹东、锦州、营口、辽阳、盘锦，其平均值在 [0.10 0.20] 范围内波动，这一组中相应城市的三个系统得分相对较低。第四个聚类为阜新、铁岭、朝阳和葫芦岛，其平均值在 [0.03, 0.20] 范围内波动。4个城市的三个系统得分较低，发展不均衡。

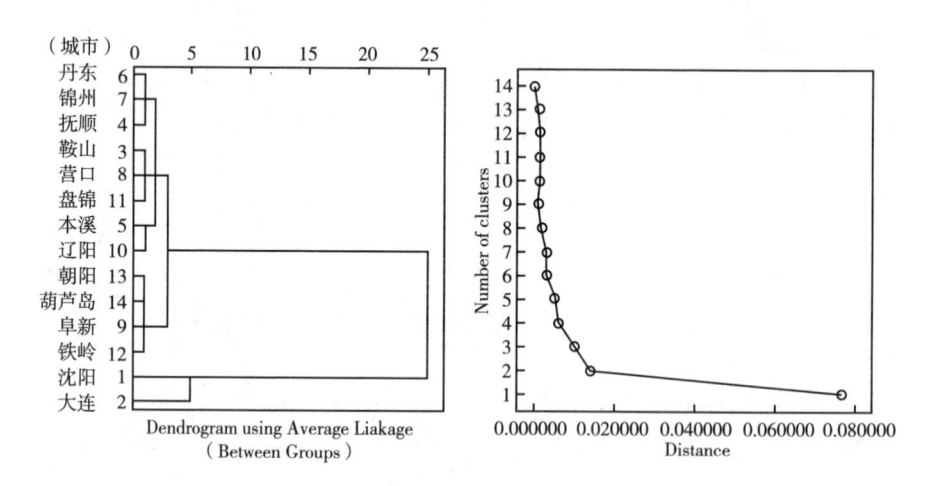

图6.5　层次聚类分析结果和碎石图

6.5.2　提升建议

从局部视角分析，城市可以优先升级排名较差系统对应的相应指标。在确定优先升级系统后，首先选择权重较大的指标进行升级。需要注意的是，其他系统在升级指标系统时是受到积极还是消极的影响，需结合估计曲线进行分析。以鞍山为例，图6.3和图6.4表明其环境系统的可持续性不如其他系统和该组中的其他城市，这是阻碍城市可持续性的一个重要因素。因此，应优先改善鞍山市的人均城市道路面积（C18）和城市环境卫生人均车辆（C20），如表6.1和表6.3所示。鞍山可以通过改善环境系统，实现经济和社会系统的可持续性，如图6.4所示。因此，在当前形势下，环境指标的水平应大大提高。同样，其他城市也可以利用上述思路来确定自己的可持续性战略。

从总体视角分析，对辽宁省城市可持续性指标提出了一些建议。首先，公众更关注环境系统，而不是经济系统，对经济系统的关注程度也高于社会系统。因此，应根据公众的实际需要确定下一个重点工作。其次，辽宁省社会与经济的关系是非线性的。社会与环境、经济和环境之间的关系也不是线性的。这表明，单一系统的发展不会导致整体的改善，14个城市的可持续性需要三个系统的协调。最后，辽宁省城市可持续性水平不平衡。在第一聚类和第二聚类的城市集群，沈阳和大连可持续性相对较好，而后两个集群中其他城市的可持续性相对较差。因此，在提升沈阳和大连系统的同时，应该注重提高其他城市的可持续性，特别是社会和经济系统的可持续性。只有这样，才能实现全省的可持续发展。

6.6 本章小结

从多源数据驱动的角度，即统计年鉴数据、公众情感数据、状态趋势数据，对中国辽宁省14个城市的可持续性进行了评价。在评价过程中，从社会、经济和环境系统中选择了24个指标。需要注意的是，辽宁的经济与社会的关系可能是非线性的。因此，社会可持续性最好的城市并不一定是经济可持续性最好的城市，经济可持续性最好的城市也不一定是辽宁省社会可持续性最好的城市。环境可持续性最优城市的经济可持续性并不是最优的，因为一些城市的经济发展是以牺牲环境为代价的。大多数环境可持续性较差的城市也表现出经济可持续性较差。如果排除那些牺牲环境以促进社会发展的城市样本，社会和环境可持续性是相辅相成的。基于评价结果的分析与实际情况一致，表明了本书提出的方法的可行性。

本书创新性地将传统的评价数据与公众情感数据结合起来，即在评价过程中整合行为引导思想和公众需求。将数据转化为代表公众主观感受的公众情感权重、传统客观数据静态分布和动态趋势的状态趋势权重。这种方法不仅降低了群体决策的成本，而且提高了评价效果。本书的科学贡献主要体现在以下两个方面：首先，多源数据驱动的赋权方法不仅反映了评价的客观性，而且还考虑了可持续性的以人为本的特点；其次，实证分析结果显示了辽宁省14个城市的可持续性水平和三个系统之间的交互作用，可以更个性化、数字化、精细化的方式指导各城市的发展政策。该方法不仅适用于辽宁省的城市，也适用于中国其他省份的城市。它有利于提高各城市的社会、经济和环境系统的可持续性，并可以从可量化数据的角度促进这三个系统的协调。此外，由于2014年之前数据缺失的局限性，本书的研究跨度较短。

第7章 客体提升数据的融合提炼

7.1 引　　言

　　评价的目的是以评促建，本书基于城市环境可持续评价这一背景，提出一种基于被评价客体多种提升需求相互融合的城市环境可持续评价方法，旨在通过评价促进城市（客体）建设和发展。城市是充满各种环境问题的大规模人类住区，研究城市环境的可持续性具有重要意义。城市环境可持续性涉及多维度、多主体、长期性和跨学科整合，系统工程方法能有效应对这些复杂性，确保城市环境的长期可持续发展。

　　与城市环境可持续性相对应的研究较多，如水的可持续性（Eggimann S., Truffer B., Feldmann U., et al., 2018；Liu L., Jensen M. B., 2018；Song M., Tao W., Shang Y., et al., 2022）、能源可持续性（Chen Z., Avraamidou S., Liu P., et al., 2020；Hendiani S., Sharifi E., Bagherpour M., et al., 2020；Pardo-Bosch F., Blanco A., Sesé E., et al., 2022；Singh K., Hachem-Vermette C., 2021）、空气质量的可持续性（Casazza M., Lega M., Jannelli E., et al., 2019；Casazza M., Lega M., Jannelli E., et al., 2019）、土地可持续性（Roda J. M. C., Castanho R. A., Fernández J. C., et al., 2020；Koroso N. H., Zevenbergen J. A., Lengoiboni M., 2020）等。这些研究从不同角度解释了城市环境系统内部系统与外部系统之间的相互作用，阐述了城市环境可持续性的重要性。有效测量城市环境可持续性水平是实现环境可持续发展的重要前提。城市环境可持续性评价是一项系统工程，涉及评价指标的确定、指标权重的求解、信息集

结模型的构建等诸多方面。

围绕这个主题，主要有三个问题需要解决：

（1）如何从现有数据中提取城市的提升需求。一般来说，每个城市相对较弱的指标要优先提升。可以通过数据分析来识别指标的特点，相应的提升需求可以转化为指标权重。

（2）如何对多个需求进行集结。考虑到每个城市的提升需求不同，相应的提升需求权重也不同，这与之前对所有评价方案使用一组权重的研究不同（Chen Y., Zhu M., Lu J., et al., 2020；Qian X. Y., Liang Q. M., 2021）。为了体现评价的公正性，每次评价的权重应该是同一组数据，因此有必要使用随机模拟方法对权重进行多次模拟，以找到处于稳定状态的评价值。

（3）如何展示整合多元化提升需求的评价结果。以往研究的定量结论主要为评价值和排名（Dou P., Zuo S., Ren Y., et al., 2021；Liu J., Kong Y., Li S., et al., 2021）的展示。本书结合被评估备选方案的提升需求，如不同城市之间的两两优势概率，旨在提供更丰富的结论。

7.2 模型构建

本节提出了多重提升需求融合的评价模型，即基于构建指标体系确定提升需求权重的模型，并提出了确定评价结果的随机仿真步骤。

研究过程如图 7.1 所示，分为三个步骤：

步骤 1：确定评价指标体系，选择相应的评价指标 $x_{ij}(t_k)$。在不失一般性的前提下，设指标 $x_{ij}(t_k)$ 表示 $t_k(k=1,2,\cdots,l)$ 期间关于指标 $c_j(j=1,2,\cdots,m)$ 城市 $o_i(i=1,2,\cdots,n)$ 的指标值。

步骤 2：根据步骤 1 的数值特征，获取各指标的需求权重值。设 w_j 表示指标 c_j 的需求权重。考虑到每个城市的提升需求不同，相应的权重也应该不同，即每个城市 o_i 都有一个个性化的权重 w_j^i，所有城市的每个指标都有一个需求权重取值区间 $\tilde{w}_j$。

步骤 3：根据步骤 1 和步骤 2 的数据，求解随机模拟评价值，得到泛评价结果。例如，每个城市的优势值和优势概率。

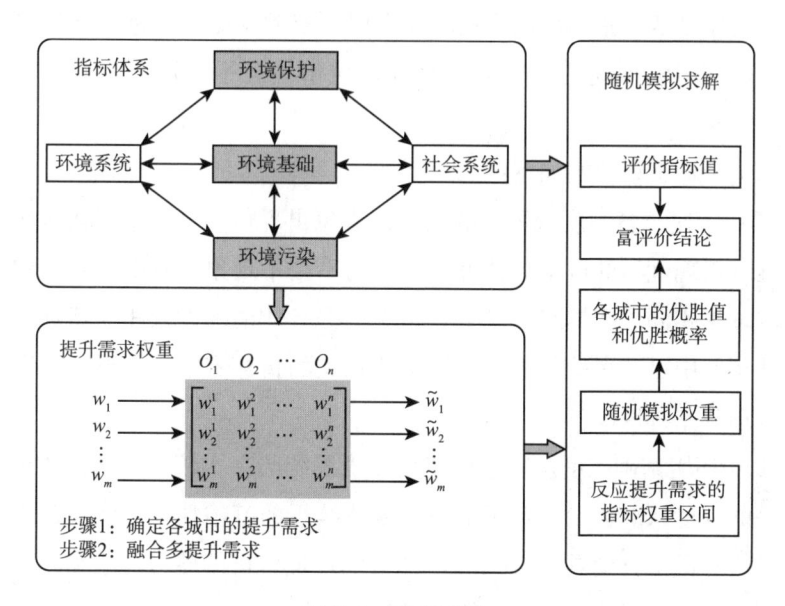

图 7.1 研究过程

7.2.1 评价指标体系的确定

众所周知，环境系统、经济系统和社会系统之间存在着许多相互关联和作用。经济系统向环境系统提供资金、技术和产品，同时也向环境系统输出生产污染物。社会系统不仅向环境系统提供环保意识和服务，也向环境系统输出生活污染物。因此，环境可持续性的评价不能完全脱离其子系统的相互作用。鉴于此，本书将环境可持续评价分解为三个维度，即环境基础、环境污染和环境保护。

根据上述维度，选取评价指标，如表 7.1 所示。为了实现不同人口规模、经济实力、地理区域的城市之间更合理的比较，本书对指标进行了结合指标内涵的线性处理。指标的选取应遵循四项原则。原则一：从评价目的出发，即选择能够反映环境可持续性的指标。原则二：指标应尽可能全面、独立。全面性和独立性可能是相互制约的，因此需要在两者之间进行权衡。原则三：指标数据应该是可获得的。不同国家的统计年鉴或同一国家不同地区的统计年鉴存在一定差异。因此，指标的选择应考虑评价所用数据是否可得。此外，指标的选择也参考了已有文献和我国政府发布的政策文件。原则四：指标可以比较。如果引入资源禀赋指标进行环境可持续性评价不利于城市间的比较或者对其他城市不公平，则不应该选择这个指标。

相关指标选取说明如下：

（1）为便于各维度权重值的比较，避免出现单一维度指标数量较多导致该维度表现优异的城市综合得分过高的不公平现象，各维度纳入的指标数量应基本相同。数据来自辽宁省，应根据具体情况设置相应指标。考虑到统计年鉴中可获得的与环境可持续性相关的指标有限，需要在三个维度之间合理分布选取。

（2）环境基础维度反映了可持续环境系统的基本情况，从整体角度而非单一的环境状况显示了各城市环境可持续性的基本情况。例如，现阶段辽宁省所有城市分别具有 C4 和 C5 测量的环境可持续性的财政和人力基础设施配置，这是环境可持续性的前提和基本条件。

（3）环境污染维度是指经济和社会制度对环境可持续性的损害，如生活污水、工业废水、工业烟尘排放等。这些污染物均对环境可持续性产生负面影响。

（4）环境保护维度包括经济和社会制度对环境保护的贡献，从详细的角度展示了每个城市对环境可持续性的保护，如城市污水、城市垃圾、工业废气的处理能力和设备水平。例如，C15 是衡量城市垃圾处理设备的指标。由于不同区域的资源禀赋不同，环保更多的是从细节上衡量城市在环境可持续性方面所做的努力。

表 7.1　　城市环境可持续性评价选择的指标体系

维度	指标［代号］	描述
环境基础 ［C1～C6］	人均绿化面积［C1］	绿化区域面积/区域人口
	人均供水综合生产能力［C2］	年末供水综合生产能力/区域人口
	单位面积公厕数［C3］	公测数量/区域面积
	节能环保支出比例［C4］	节能环保方面的支出/区域财政支出
	环保人员比例［C5］	水、环境和公用事业管理人员/在该地区工作的人员
	空气质量指数［C6］	根据各种污染物的浓度值进行转换

续表

维度	指标[代号]	描述
环境污染 [C7~C12]	单位地区GDP工业废水排放量[C7]	工业废水的排放/区域GDP
	单位地区GDP生活污水排放量[C8]	生活污水排放量/区域GDP
	单位地区GDP工业废气排放量[C9]	工业废气排放/区域GDP
	单位地区GDP工业烟尘排放量[C10]	工业烟尘排放量/区域GDP
	单位地区GDP的危险废物排放量[C11]	危险废物排放量/区域GDP
	单位地区GDP工业固体废物排放量[C12]	一般工业固体废物的产生/区域GDP
环境保护 [C13~C18]	单位GDP日污水处理能力[C13]	城市污水处理能力/区域GDP
	生活垃圾无害化处理率[C14]	无害生活垃圾量/生活垃圾总量
	人均环保车辆总数[C15]	城市外观、卫生专用车辆总数/区域人口
	人均污水处理设施数量[C16]	污水处理设施的数量/区域人口
	人均废气处理设施数量[C17]	废气处理设施的数量/区域人口
	工业固体废物的综合利用率[C18]	工业固体废物的利用量/工业固体废物总量

注：C6~C12为极小型指标（数值越小越好），其余为极大型指标（数值越大越好）。2016年鞍山、2017年营口和铁岭、2018年营口和铁岭、2019年铁岭的C14缺失。本书使用K最近邻（k-Nearest Neighbor，KNN）分类算法对缺失值进行插值。

7.2.2 提升需求权重确定方法

通过7.2.1节的评价指标体系可查询并得到原始数据$x_{ij}(t_k)$。然后可以对$x_{ij}(t_k)$进行类型一致性处理，得到类型一致化的数据$x'_{ij}(t_k)$，如下所示：

$$x'_{ij}(t_k) = \begin{cases} x_{ij}(t_k), \text{如果}\ c_j\ \text{是极大型指标} \\ 1/x_{ij}(t_k), \text{如果}\ c_j\ \text{是极小型指标} \end{cases} \quad (7.1)$$

此外，还需要对$x'_{ij}(t_k)$进行无量纲处理，以获得预处理数据$x_{ij}(t_k)$。如下所示：

$$x_{ij}(t_k) = x'_{ij}(t_k) / \sum_{i=1}^{i=n} x'_{ij}(t_k) \quad (7.2)$$

然后，变换$x_{ij}(t_k)$，得到能反映各城市提升需求的权重。以指标c_j为例，具体思想是：当$x_{ij}(t_k)$在$\{x_{1j}(t_k), x_{2j}(t_k), \cdots, x_{nj}(t_k)\}$中相对较小时，

说明 $x_{ij}(t_k)$ 的表现较差，$x_{ij}(t_k)$ 应该是优先提升，即给予相应的指标较大的权重，反之亦然。在 t_k 中，o_i 对 u_j 的原始提升需求权重定义如下：

$$ow_j^i(t_k) = \exp\left[\frac{\max_i x_{ij}(t_k) - x_{ij}(t_k)}{\max_i x_{ij}(t_k) - \min_i x_{ij}(t_k)}\right] \tag{7.3}$$

其中，$ow_j^i(t_k) = [1, e]$，e 是欧拉数。接下来，规范化原始提升需求权重，这样：

$$w_j^i(t_k) = ow_j^i(t_k) / \sum_{i=1}^{i=n} ow_j^i(t_k) \tag{7.4}$$

如果每个被评价对象关于同一指标的权重不同，评价将是不公平的，结论很难令人信服。因此，考虑将每个评价的指标权重设置为唯一权重，并从所有备选方案的提升需求区间 $\tilde{w}_j(t_k) = [\min_i w_j^i(t_k), \max_i w_j^i(t_k)]$ 中随机得到唯一权重。显然，为了得到更可信的结论，需要使用随机模拟来多次模拟需求权重的值，并获取仿真结果。

7.2.3 基于随机模拟的评价值

线性加权信息集结方法对应的评价结果 y_i 集成了被评价对象的多重提升需求，不能用一个测量的结果来测量，而应该用在多个模拟样本中趋于稳态的有效性数据来测量。$y_i = \sum_{k=1}^{l} y_i(t_k)/l$，$y_i(t_k)$ 表示城市 o_i 在 t_k 时期的评价值，由：

$$y_i(t_k) = \sum_{j=1}^{j=m} \sum_{1}^{count} \dot{w}_j(t_k) x_{ij}(t_k) / count \tag{7.5}$$

其中，$count$ 表示随机模拟的总数，$\dot{w}_j(t_k)$ 是 $\tilde{w}_j(t_k)$ 中的随机数。通过每次迭代的仿真，可以得到优势矩阵 y_s 和优势概率 y_{sp} 矩阵，从而得到：

$$y_s = \begin{bmatrix} y_{11} & y_{12} & \cdots & y_{1n} \\ y_{21} & y_{22} & \cdots & y_{2n} \\ \vdots & \vdots & & \vdots \\ y_{n1} & y_{n2} & \cdots & y_{nn} \end{bmatrix} \tag{7.6}$$

$$y_{sp} = \begin{bmatrix} y_{11}^p & y_{12}^p & \cdots & y_{1n}^p \\ y_{21}^p & y_{22}^p & \cdots & y_{11}^p \\ \vdots & \vdots & & \vdots \\ y_{n1}^p & y_{n2}^p & \cdots & y_{nn}^p \end{bmatrix} \tag{7.7}$$

其中，$y_s = y_a - y_b (a, b = 1, 2, \cdots, n)$，表示被评价对象之间的差异。差异越大，$o_a$ 效果越好；反之则 o_b 效果越好。那么当 $y_{ab} > 0$，$y_{ab}^p = 1$，这意味着当 $y_a - y_b > 0$，在这个模拟迭代中 o_a 优于 o_b 的概率等于1。相反，如果是 $y_{ab} < 0$，$y_{ab}^p = 0$，这意味着当 $y_a - y_b < 0$，o_a 大于 o_b 的概率等于0。此外，如果为 $y_{ab} = 0$，$y_{ab}^p = 0.5$，表示当 $y_a - y_b = 0$，o_a 大于 o_b 的概率等于0.5。$y_{ab}^p > 2/3$ 表示 o_a 与 o_b 有较强的竞争关系。$1/3 \leqslant y_{ab}^p < 1/2$ 和 $1/2 \leqslant y_{ab}^p < 2/3$，这意味着 o_a 与 o_b 有中等的竞争关系。$y_{ab}^p < 1/3$ 这意味着 o_a 与 o_b 的竞争关系较弱。

最后，可以求解多个模拟对应的平均值 y_s 和 y_{sp}。本书所采用的随机模拟方法，又称蒙特卡罗方法，是一种利用随机数进行模拟实验的方法。因没有与本书一致的算法过程可以选择，故本书的方法是通过随机仿真的思想来实现的。随机模拟的流程如图 7.2 所示。在此基础上，本书使用 R 编程语言仿真策略给出了以下步骤，如表 7.2 所示。

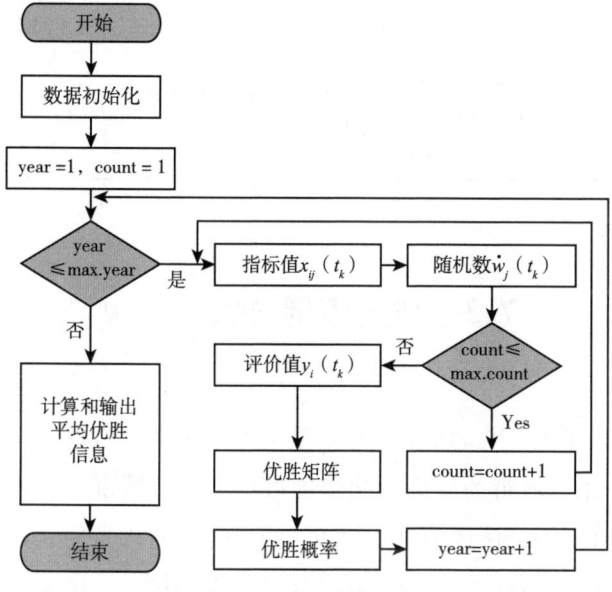

图 7.2　随机模拟流程

表 7.2　　　　　　　　　　改进随机仿真步骤需求整合

过程	步骤
分析问题，收集数据	步骤1：加载待使用的包装，初始化对应于提升需求间隔数据 $\tilde{w}_j(t_k)$ 的 weight.matrix、预处理数据 $x_{ij}(t_k)$ 的 score.matrix，以及存储6年的评估数据的 year.matrix
	步骤2：设置外环数 year←year'，year=1 对应 2015 年数据的模拟结果，year=2 对应 2016 年数据的模拟结果，以此类推，直到模拟次数为 year'=6
建立仿真模型，编制仿真程序	步骤3：读取数据 $x_{ij}(t_k)$ 和 $\tilde{w}_j(t_k)$。将随机模拟数设置为 count。初始化不同模拟对应的评价得分矩阵、指标权重矩阵和归一化指标权重矩阵，分别为 data.evaluation、data.weight、data.weight1。并将最终的综合评价矩阵初始化为 data.score
运行程序，计算结果	步骤4：对于内循环中的模拟次数 count，均匀随机生成区间内的权值，并存储在 data.weight 的列 count 中，并对各列进行归一化。乘以 data.weight1 和 score.matrix 得到 data.score，根据列求和得到每个备选方案的第 count 次模拟 data.evaluation，并将其存储在 count 行中
	步骤5：如果 count 等于设置的模拟次数，则转到步骤2。year←year+1，如果是 year=6，则存储和导出每年对应的 data.evaluation
	步骤6：将优势矩阵和优势概率矩阵分别初始化为 superior.value 和 superior.pro。行数和列的数都等于 n
	步骤7：设置外循环（年份从1~6），内循环（count），并求解 superior.value 和 superior.pro。存储 superior.value 和对应于不同模拟的 superior.pro
存储模拟结果	步骤8：如果 count 等于模拟的模拟数，year←year+1，如果 year=6，计算并存储每年不同模拟对应的 superior.value 和 superior.pro 的平均值。结束程序

7.3　研究案例与数据来源

辽宁省是中国东北的沿海省份，北温带属大陆性气候，年平均气温为6℃~11℃，沿海城市的温度变化幅度略小于中心城市。辽宁省不仅是东北经济区与环渤海经济区的重要枢纽，也是东北对外贸易和国际交流的重要渠道。辽宁省自然资源丰富，矿产储量居全国第一。由于辽宁省重工业的蓬勃发展，环境改善水平相对滞后，不能满足公众对环境高质量发展的日益增长需求。因此，有必要对辽宁省的环境可持续性进行评价，并通过评价来促进城市的发展。

评价指标的原始数据通过中国空气质量在线监测分析平台和《辽宁省统计年鉴》获取。中国空气质量在线监测分析平台记录了各城市的每月空气质量指标。本书的时间节点以年为单位，因此本书采用简单平均法计算各城市的年平均空气质量指数。此外，截至2022年3月，可以查询的最新数据是《2021年辽宁省统计年鉴》，其中记录了辽宁省2020年的数据。为保证研究的连续性，将研究周期控制在2015～2020年，查询的数据来自2016～2021年的《辽宁省统计年鉴》。

为了使各城市的指标数据更具可比性，本书对部分原始指标进行了改进。例如，从以人为本的角度分析，将卫生专用车辆总数转化为人均卫生专用车辆总数。在考虑经济与环境协调发展的基础上，将工业废水的排放转化为单位地区GDP的工业废水排放。调整指标所涉及的数据也来自2016～2021年的《辽宁省统计年鉴》。通过计算得到各城市2015～2020年指标数据的平均值。

7.4 结果分析与相关建议

7.4.1 计算结果分析

本书收集了表7.1中列出的18个指标的数据，通过式（7.1）～式（7.4）得到14个城市2015～2020年的提升需求权重。三个维度下14个城市的平均提升需求权重如表7.3所示。可以看出，环境基础、污染和保护的提升需求权重分别在［0.3025，0.3656］、［0.3167，0.4302］和［0.2536，0.3382］区间波动。大连、本溪、丹东在这三个维度上分别属于提升需求最高和最低的城市，说明三个城市的环境可持续性需求不协调。从整体上看，辽宁省各城市环境污染维度对应的指标最需要完善，其次是环境基础指标，最后是环境保护指标。

表 7.3　　　　　　　　　三个维度的平均提升需求权重

城市	环境基础 权重值	环境基础 权重等级	环境污染 权重值	环境污染 权重等级	环境保护 权重值	环境保护 权重等级	综合等级
沈阳	0.3544	1	0.3228	2	0.3227	3	1
大连	0.3656	1	0.3167	3	0.3176	2	2
鞍山	0.3267	2	0.3739	1	0.2993	3	3
抚顺	0.3138	2	0.3889	1	0.2971	3	3
本溪	0.3160	2	0.4302	1	0.2536	3	3
丹东	0.3025	3	0.3591	1	0.3382	2	4
锦州	0.3320	2	0.3517	1	0.3162	3	3
营口	0.3422	2	0.3896	1	0.2681	3	3
阜新	0.3107	2	0.3895	1	0.2997	3	3
辽阳	0.3172	2	0.4085	1	0.2741	3	3
盘锦	0.3299	2	0.3446	1	0.3254	3	3
铁岭	0.3581	1	0.3334	2	0.3084	3	1
朝阳	0.3103	3	0.3671	1	0.3225	2	4
葫芦岛	0.3160	3	0.3599	1	0.3240	2	4

根据三个维度的先后顺序，将 14 个城市的提升需求划分为四个等级（见表 7.3）。第三等级城市的提升需求大部分与辽宁省整体的提升需求一致。少数城市，即一、二、四等级城市与整体存在差异。

为进一步分析各城市环境可持续发展指标的提升需求，各指标的平均提升需求权重如图 7.3 所示。图 7.3 中的最后一个小图（平均值）显示了辽宁省对指标提升的需求。通过观察图中的雷达图，挖掘出各城市指标提升需求。这 14 个城市的提升需求实际上存在差异。以抚顺为例，从表 7.3 中可以看出，抚顺在环境污染维度上的提升需求最高。此外，通过观察图 7.3 中抚顺相应的 C7 ~ C12 指标，可以发现具体的问题。也就是说，C9 ~ C12 的改进要求权重很大，在能力有限的情况下，应注意改进这四个指标，而不是 C7 指标和 C8 指标。

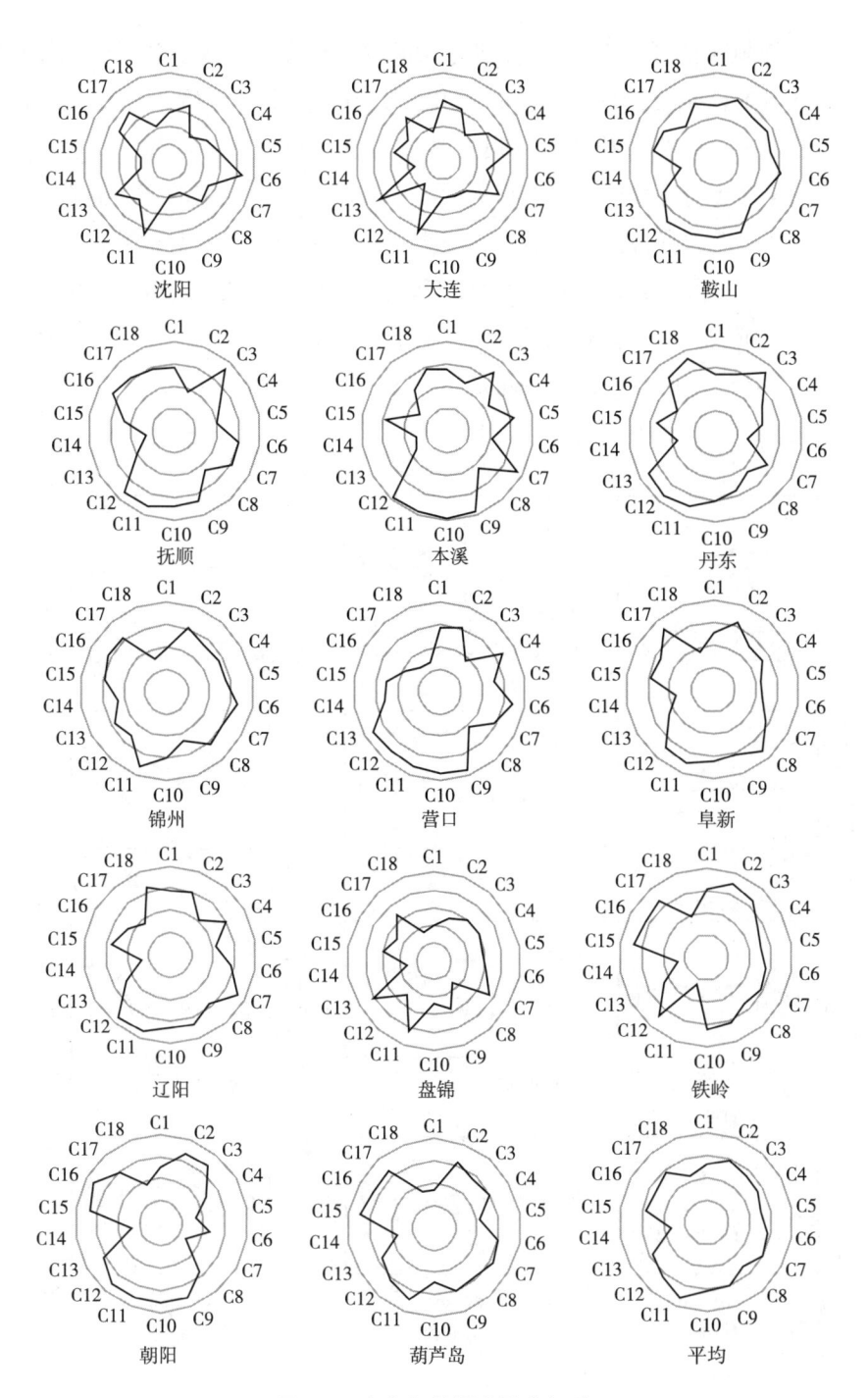

第 7 章　客体提升数据的融合提炼　// 101

图 7.3　各指标的提升需求权重

14个城市的提升需求权重的变化如图7.4所示。结果发现，14个城市的提升需求权重也随时间发生了变化。沈阳、鞍山、抚顺、本溪、锦州、营口、辽阳、朝阳、葫芦岛的提升需求的重量顺序没有明显变化。近年来，大连对改善环境污染维度指标的需求有所增加。丹东的环保需求增加了。阜新对改善环境基础的需求逐渐高于环境保护。盘锦对改善环境基础的需求有所下降，其他各维度均呈上升趋势。相反，铁岭对改善环境基础的需求有所增加，而其他维度则呈下降趋势。图7.4中的小图（平均值）显示的2015~2020年需求改善的三个维度与表7.3中的结果一致，没有显著变化。

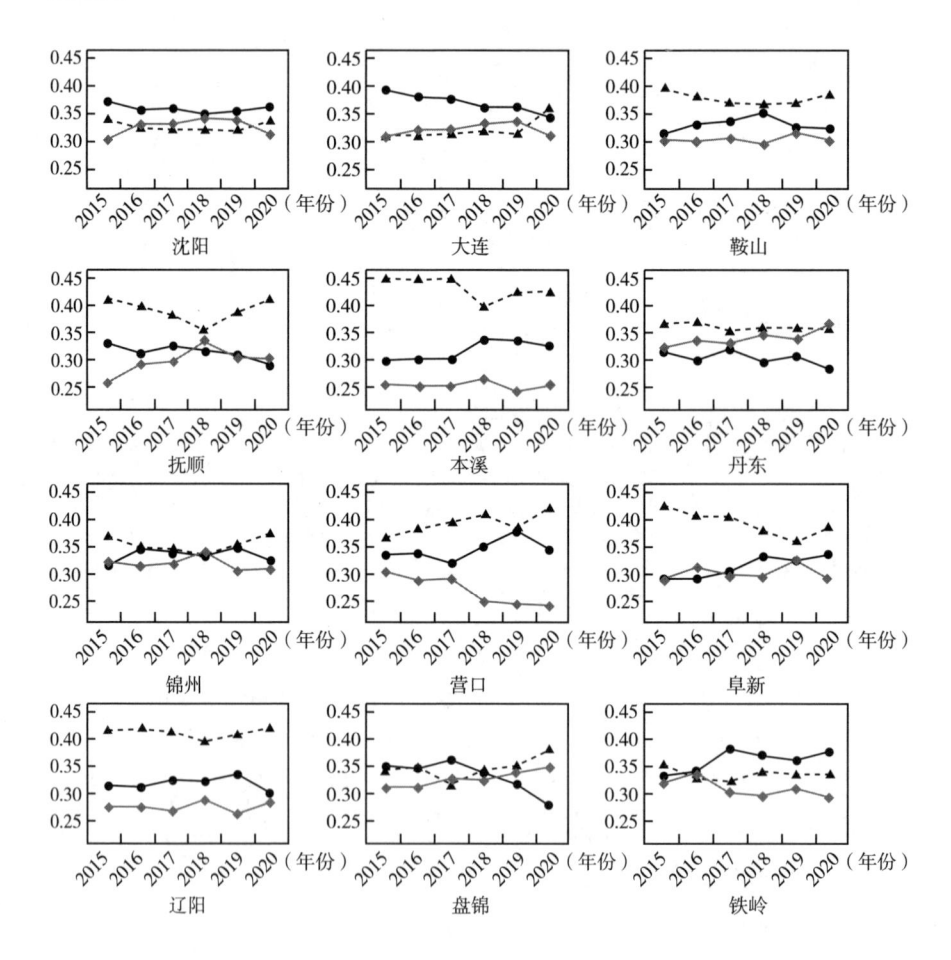

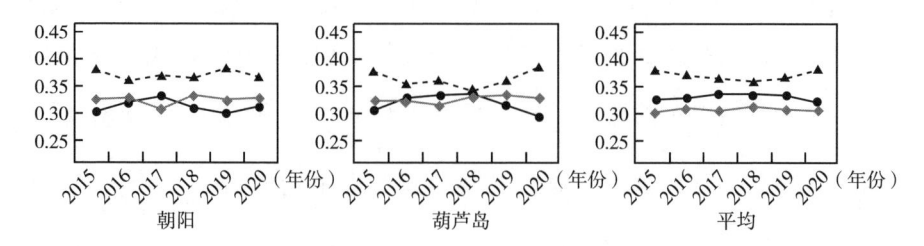

图 7.4 三个维度的提升需求权重

注：纵轴表示三个维度的提升需求权重。横轴表示 2015~2020 年。●线、▲线、◆线分别对应环境基础、环境污染和环境保护。

采用随机仿真的方法对 14 个城市的多重提升需求进行了整合。以 2020 年的数据为例，将随机模拟次数分别设置为 5000 次、10000 次、15000 次、20000 次。结果发现，各城市的平均评价值呈现显著的高度相关性，如表 7.4 所示。不同模拟结果对应的平均值均为 0.0714。为了提高评价效率，保证结果的稳定性，将后续模拟中的模拟次数设置为 10000 次。

表 7.4　　　　　　　　皮尔逊相关性分析

		5000 次	10000 次	15000 次	20000 次
5000 次	皮尔逊相关性	1	1.000**	1.000**	1.000**
	显著性		0.000	0.000	0.000
	样本量	14	14	14	14
10000 次	皮尔逊相关性	1.000**	1	1.000**	1.000**
	显著性	0.000		0.000	0.000
	样本量	14	14	14	14
15000 次	皮尔逊相关性	1.000**	1.000**	1	1.000**
	显著性	0.000	0.000		0.000
	样本量	14	14	14	14
20000 次	皮尔逊相关性	1.000**	1.000**	1.000**	1
	显著性	0.000	0.000	0.000	
	样本量	14	14	14	14

注：** 表示在 0.01 水平上（双尾）显著相关。

运用随机模拟步骤结合式（7.4）的求解结果，求解 2015~2020 年的评价值。在此基础上，得到 6 年的平均值、平均值的排名和增长率，如表 7.5 所示。城市 o_i 的增长率用 $\tilde{y}_i = 100 \times (y_i(t_l) - y_i(t_1))/(l \times y_i(t_1))$ 计算。进一步，可计算辽宁省的整体情况，即平均值为 $y = \sum_{i=1}^{i=n} y_i/n = 0.0714$；增长率为 $\tilde{y} = \sum_{i=1}^{i=n} \tilde{y}_i/n = -0.34\%$。

表 7.5　　　　　　　2015~2020 年 14 个城市的表现

城市	评价值						平均值	平均排名	增长率（%）
	2015 年	2016 年	2017 年	2018 年	2019 年	2020 年			
沈阳	0.1116	0.1136	0.1045	0.1131	0.1110	0.1164	0.1117	1	0.82
大连	0.1037	0.1043	0.1071	0.1031	0.1041	0.0986	0.1035	2	-1.04
鞍山	0.0582	0.0502	0.0552	0.0502	0.0567	0.0572	0.0546	13	-0.34
抚顺	0.0676	0.0595	0.0581	0.0524	0.0600	0.0567	0.0590	9	-3.86
本溪	0.0783	0.0753	0.0728	0.0525	0.0570	0.0601	0.0660	7	-6.08
丹东	0.0749	0.0658	0.0657	0.0875	0.0627	0.0600	0.0695	5	-4.94
锦州	0.0610	0.0641	0.0625	0.0546	0.0606	0.0646	0.0612	8	1.13
营口	0.0615	0.0657	0.0715	0.0711	0.0695	0.0742	0.0689	6	3.41
阜新	0.0584	0.0586	0.0620	0.0509	0.0593	0.0606	0.0583	11	0.72
辽阳	0.0651	0.0658	0.0558	0.0565	0.0561	0.0536	0.0588	10	-4.29
盘锦	0.0727	0.0772	0.0827	0.0844	0.0935	0.0977	0.0847	4	5.12
铁岭	0.0814	0.0973	0.0866	0.1225	0.0887	0.0814	0.0930	3	0.01
朝阳	0.0565	0.0537	0.0601	0.0518	0.0620	0.0627	0.0578	12	1.99
葫芦岛	0.0483	0.0482	0.0547	0.0489	0.0581	0.0554	0.0523	14	2.57

为了清晰地观察 14 个城市在 2015~2020 年的动态表现，图 7.5 中显示了相应得分的趋势和排名。可以看出，排名前四位的城市是沈阳、大连、铁岭和盘锦，也是 6 年都高于平均值的城市。本溪、丹东、营口的表现高于平均水平；而鞍山、抚顺、锦州、阜新、辽阳、朝阳、葫芦岛等其他城市均低于平均水平。2015~2020 年，沈阳连续 4 年排名第一位；大连

和铁岭各有 1 年排名第 1 位。葫芦岛四年排名最后；辽阳排名最后。8 个城市的增长率均高于平均水平，均为正增长，但由于部分城市的增长率相对较低，全省的总体增长率均为负增长。本溪、丹东、铁岭的值波动较大。盘锦是这 14 个城市中唯一出现同比增长的城市。

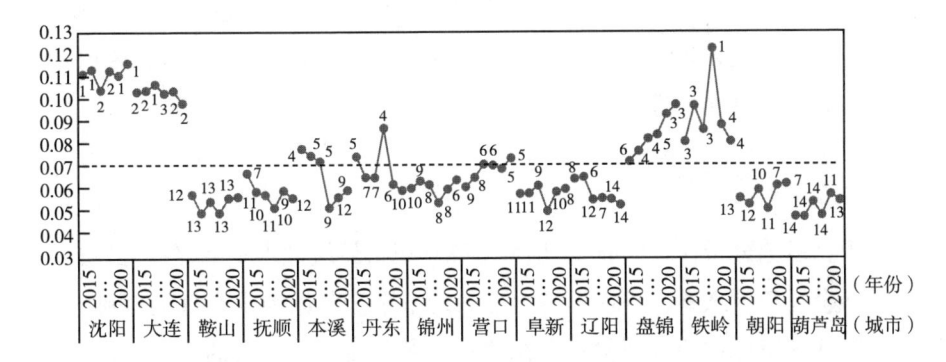

图 7.5 2015～2020 年 14 个城市评价值及排名的变化情况

2015～2020 年，14 个城市评价值的聚类分析结果如图 7.6 所示。从图 7.6 中可以看出，最优聚类数为 4。铁岭和盘锦属于第一组；沈阳和大连属于第二组；本溪、朝阳、丹东、营口属于第三组；其余城市属于第四组。从横轴的 Dim 1 的角度来看，组 1 和组 2、组 3 和组 4 之间存在较大的差异。结合表 7.5，这是由于值的差异造成的。组 2、组 3 和组 4、组 1 在 Dim 2 纵轴得分越来越低，即组 2 相对最稳定，组 3 和 4 在中间，组 1 有较大的变化。

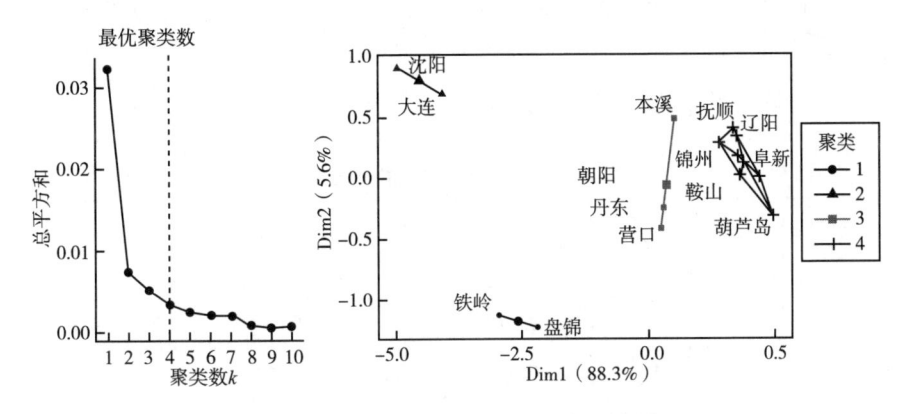

图 7.6 2015～2020 年 14 个城市评价值

采用上述随机模拟求解法，得到了 14 个城市的平均优势概率，如表 7.6 所示。表中的值是其对应行中的城市比其列中的城市更好的概率。以沈阳为例，2015～2020 年，沈阳的环境可持续性得分比除大连和铁岭以外的其他城市高出 100%。沈阳对大连的优势概率为 87%，铁岭为 85%。沈阳比它自身有 50% 的优势。竞争关系更强的城市集中在沈阳、大连、铁岭和盘锦。竞争关系较弱的城市主要集中在葫芦岛、鞍山、辽阳和阜新等地区。其余城市存在中等竞争关系。

7.4.2 提升建议

根据以上分析，辽宁省 14 个城市在环境可持续性水平上存在差异。辽宁省从全局角度来看，环境可持续性表现平平。其原因是在环境基础、环境污染和环境保护等方面仍然存在缺陷。随着经济和社会的不断发展，辽宁省的工业化和城市化进程加快，能耗持续增加，废水、废气和工业粉尘的排放也持续增加。对环境污染控制的需求较高，尤其重要的是要增加对环境污染的关注。

沈阳和大连是辽宁省环境可持续性的支柱。省会城市沈阳在环境可持续性方面非常优越，在全省具有明显的竞争优势，且三个维度相对协调。沈阳可以进一步加强环境基础层面的投资，如指标 C6。虽然大连的环境可持续性在辽宁省处于领先地位，但近年来得分呈下降趋势。近年来，获得优势的概率有所下降。大连应继续巩固其优势指标，并专注于改善 C7、C11、C13 等薄弱指标。沈阳和大连应该向省内以外的其他优秀的生态城市学习。

14 个城市的平均优胜概率见表 7.6。

表 7.6　　　　　　14 个城市的平均优胜概率

	o_1	o_2	o_3	o_4	o_5	o_6	o_7	o_8	o_9	o_{10}	o_{11}	o_{12}	o_{13}	o_{14}
o_1	0.50	0.87	1.00	1.00	1.00	1.00	1.00	1.00	1.00	1.00	1.00	0.85	1.00	1.00
o_2	0.13	0.50	1.00	1.00	1.00	0.99	1.00	1.00	1.00	1.00	0.94	0.75	1.00	1.00
o_3	0.00	0.00	0.50	0.16	0.12	0.02	0.04	0.01	0.14	0.33	0.00	0.00	0.18	0.71
o_4	0.00	0.00	0.84	0.50	0.24	0.07	0.29	0.17	0.51	0.59	0.01	0.02	0.53	0.89

续表

	o_1	o_2	o_3	o_4	o_5	o_6	o_7	o_8	o_9	o_{10}	o_{11}	o_{12}	o_{13}	o_{14}
o_5	0.00	0.00	0.88	0.76	0.50	0.52	0.57	0.43	0.73	0.79	0.21	0.10	0.66	0.88
o_6	0.00	0.01	0.98	0.93	0.48	0.50	0.75	0.43	0.88	0.90	0.21	0.02	0.78	1.00
o_7	0.00	0.00	0.96	0.71	0.43	0.25	0.50	0.12	0.87	0.60	0.00	0.01	0.75	0.99
o_8	0.00	0.00	0.99	0.83	0.57	0.57	0.88	0.50	0.99	0.76	0.00	0.07	0.99	1.00
o_9	0.00	0.00	0.86	0.49	0.27	0.12	0.13	0.01	0.50	0.49	0.00	0.00	0.53	0.94
o_{10}	0.00	0.00	0.67	0.41	0.21	0.10	0.40	0.24	0.51	0.50	0.00	0.01	0.52	0.67
o_{11}	0.00	0.06	1.00	0.99	0.79	0.79	1.00	1.00	1.00	1.00	0.50	0.38	1.00	1.00
o_{12}	0.15	0.25	1.00	0.98	0.90	0.98	0.99	0.93	1.00	0.99	0.62	0.50	0.99	1.00
o_{13}	0.00	0.00	0.82	0.47	0.34	0.22	0.25	0.01	0.47	0.48	0.00	0.01	0.50	0.94
o_{14}	0.00	0.00	0.29	0.11	0.12	0.00	0.01	0.00	0.06	0.33	0.00	0.00	0.06	0.50

注：$o_i(i=1,2,\cdots,14)$ 与图 7.5 横坐标城市出现的顺序一致。

铁岭和盘锦在环境可持续性方面表现突出。因为它们的三个维度的价值观是相对协调的，近年来排名很高，在全省很有竞争力。然而，铁岭和盘锦也有一些疲软的指标。建议铁岭应重点关注环境基础维度的 C2 指标、环境污染维度的 C12 指标、环境保护维度的 C15 指标。盘锦近年来有了良好的发展趋势。盘锦在保持其优势的同时，应注重改善环境污染维度的 C12 指标和 C13 指标。此外，这两个城市还可以沈阳或大连为标杆来学习。

鞍山、抚顺、锦州、阜新、辽阳和葫芦岛的环境可持续性水平较低的主要原因是环境污染维度指标较弱。这些城市的钢铁冶炼、煤炭、石化行业发展发达，但其他行业不成熟，给支柱产业造成了沉重负担。它们在辽宁省没有竞争优势。环境可持续性需要经济和社会体系的支持，但它们的经济、社会和环境尚未实现更好的互动和循环。因此，这些城市应结合图 7.3 和图 7.4 所示的提升需求，逐步改善现状。

本溪、丹东、营口、朝阳的环境可持续性水平处于辽宁省中等水平。虽然大多数城市的自然资源都很丰富，但它们并没有达到较高的环境可持续性。这些城市对 C9 指标、C10 指标和 C11 指标的提升需求很大。这些指标应作为逐步降低自身环境污染水平的起点。同时，这些城市应进一步借鉴沈阳和大连在环境可持续性方面的实践和经验，逐步提高其在辽宁省的竞争力。

7.5 本章小结

环境可持续性是城市发展进程中不可忽视的核心议题，它不仅关乎城市的生态健康，更与居民的生活质量、经济的长期稳定以及社会的和谐发展息息相关。科学评价城市环境可持续性水平，是制定合理政策和规划的重要前提，也是实现城市绿色转型和高质量发展的基础。然而，由于各城市在经济社会发展水平、资源禀赋、地理条件、人口规模以及文化背景等方面存在显著差异，其环境可持续性所面临的挑战和机遇也各不相同。因此，不同城市在探索环境可持续性路径时，应充分考虑自身的独特性和实际需求，因地制宜地制定差异化的策略和目标。例如，资源丰富的城市可能更注重资源的合理利用与循环经济，而资源匮乏的城市则需优先解决资源短缺问题；经济发达城市可以聚焦于技术创新和绿色产业升级，而发展中的城市则可能更需要平衡经济增长与环境保护之间的关系。总之，提升城市环境可持续性并非"一刀切"的过程，而是一个基于科学评估、精准施策的系统工程，需要根据不同城市的特点和需求，量身定制切实可行的解决方案。

在此基础上，本书提出了一种基于多重提升需求的城市环境可持续性评价方法。主要结果如下：（1）2015～2020年，辽宁省环境可持续性增长率为-0.34%，有4个城市（占28.57%）表现高于省平均水平0.0714。整体的环境可持续性水平并不理想。（2）从发展角度来看，盘锦表现最好，呈现稳定增长趋势，平均增长率最大，为5.12%，其他城市的表现处于动态波动。在综合方面，沈阳优于其他城市，排名较其他城市，平均获胜概率为97.85%。（3）有11个城市（占78.57%），对应于环境污染维度的提升需求权重最大。辽宁省实现更好的环境可持续性的主要突破在于改善环境污染维度的指标。

从方法的角度来看，该方法不涉及主观权重的干预，权重确定方法相对客观，并纳入了被评估的替代方案的改进要求。它对被评估的城市更有说服力。此外，该方法不仅适用于辽宁省的城市，也适用于其他省份的城市。从应用的角度来看，在评价模型中，个性化改进权重的设计有利于自上而下的政策指导和自下而上的实践探索。这14个城市可以使用这种方法来挖掘其环境可持续性水平、趋势、优势和劣势。此外，每个城市都可以将其余相似的城市和潜在的可超越城市作为基准学习对象。如果没有学习对象，就意味着这个城市在全省已首屈一指，它应该借鉴国内外其他优秀城市的发展经验。同时，各城市应结合自身需求权重的规模和趋势，改进相应的指标，即优先提升需求较大的指标。因此，为城市提供个性化的环境可持续性建议，有利于城市的可持续发展。

第8章 客体提升数据的定性分析

8.1 引　　言

本书以城市可持续评价为背景，将城市作为评价客体。考虑到城市可持续发展中高质量发展的重要性，本书拓展并提出了城市可持续发展的多维度评价方法，并探讨城市可持续发展的多元路径。维度包含现状、趋势和耦合协调，其中现状反映静态质量，趋势反映动态发展水平，社会、经济、环境系统是否实现了高质量的协调发展，取决于三者之间的耦合协调程度。现有的研究大多集中在静态和动态数据分析上（Li W.，Yi P.，2020；Zhou Y.，Yi P.，Li W.，et al.，2021），或耦合协调度的计算上（Jiang L.，Wu Y.，He X.，et al.，2022；Yang Z.，Zhan J.，Wang C.，et al.，2022；Zhang D.，Chen Y.，2021），很少有研究将这三个方面结合起来，从多个维度考虑城市可持续性发展水平。

此外，城市可持续发展评价的传统实证研究过程大多停留在评价结果的输出上，根据指标权重、评价值、评价值排序等提出相关建议。但是，城市可持续发展评价的目的是提供公平公正的结果，同时，达到通过评价促进建设的目的，细化提升路径的研究有利于实现上述目标。现有的研究大多是基于单一因素提出建议，没有考虑各因素之间的配置效应。在复杂科学管理的背景下，需要新的理论、新的方法，特别是对复杂社会现象的研究，更需要将其融入因果复杂性之中。定性比较分析（QCA）（Du Y.，Kim P. H.，2021；Luo L.，Wang Y.，Liu Y.，et al.，2022）改变了标准的分析范式，它以整体的角度和相对的思维分析复杂的现实，被广泛应用于社会科学（Chang R. A., Gerrits L., 2022）、工程（Huang G., Tong Y., Ye F., et al. 2020）、农业和生物科学（Andreas J. J., Burns C., Touza J., 2017）、环境科学（Liu P., Zhu B., Yang M., et al. 2022）等方面。QCA方法包括清晰集定量比较分析法、多值集定性比较分析法和模糊集定性比较分析法，缩写分别为csQCA、mvQCA和fsQCA。fsQCA方法（Abbasi G. A., Sandran T., Ganesan Y., et al. 2022; Hartmann J., Inkpen A., Ramaswamy K., 2022; Lou S., Yao C., Zhang D., 2023）具有很强的适用性，可以解决多种类型数据的因果分析问题。为综合评价领域的交叉整合和扩展以及定性分析提供有力的支持，揭示了多个前因之间的复杂关系对结果的影响。有利于自上而下的城市可持续发展的示范性政策指导，也有利于自下而上的各个城市的自主实践和探索。

为此，本书提出了城市可持续性的多维度评价方法，并结合fsQCA组态分析提出了相应的改进路径和建议。创新主要体现在两个方面，首先，提出了考虑现状、趋势和耦合协调的多维度城市可持续发展评价方法。可以使大家意识到，高水平的城市可持续性不仅与每年的状态和逐年的趋势有关，而且与上述三个系统的协调发展有关。其次，将城市可持续发展的定量分析结果与定性分析方法相结合，扩大fsQCA的应用范围，为实现城市可持续发展提供更有针对性的提升途径。

8.2 研究案例与数据来源

中国东北地区条件优越，沿海优势明显，是国民经济的重要增长极，在国家的整体发展战略中起着举足轻重的作用，是国家现代化建设的重要一环。辽宁省位于中国东北部，下辖14个地级市。作为中国重要的重工业基地，辽宁省在对国民经济做出较大贡献的同时，也付出了沉重的资源和环境代价。因此，本书以辽宁省为研究区域，开展城市可持续发展多维度评价和组态分析，旨在衡量城市可持续性水平，并提出相应的改进建议。本书选取辽宁省14个城市作为实证区域，各城市相关数据如表8.1所示。虽然辽宁省目前发展缓慢，但是沈阳和大连两个城市仍是人口超过500万人的全国大都市。各指标原始数据来源于《辽宁省统计局统计年鉴》。需要说明的是，截至 2022 年 11 月的最新数据为《2021 年辽宁省统计年鉴》。为保证时间连续性，研究时间为 2015~2020 年，共计 5 年。

表 8.1　　　　　　　　　　14 个地级市基本概况

城市	人口（10⁴）	建成区（km²）	GDP 构成（%） 农业	工业	服务业
沈阳	758.6	648.7	4.6	32.9	62.5
大连	600.1	528.1	6.5	40.0	53.4
鞍山	338.1	242.4	6.4	40.6	53.0
抚顺	204.6	168.5	7.2	47.0	45.9
本溪	143.4	136.5	6.7	47.2	46.1
丹东	231.8	132.1	19.7	24.3	56.0
锦州	291.4	146.0	19.4	25.0	55.5
营口	230.0	254.3	8.1	44.1	47.8
阜新	182.7	110.2	22.8	25.7	51.5
辽阳	173.4	139.7	10.6	44.9	44.5
盘锦	129.7	124.8	8.0	54.9	37.1
铁岭	287.3	154.3	25.2	26.7	48.1
朝阳	332.9	166.3	24.2	27.8	48.0
葫芦岛	274.1	153.7	18.3	33.7	48.0

8.3　模型构建

8.3.1　研究框架

研究设计过程如图 8.1 所示，共分为三个部分。首先，从社会维度、经济维度和环境维度构建了城市可持续发展指标体系，通过查询统计年鉴获得相关数据。其次，本书对历年评价数据的现状、趋势和耦合协调度进行了分析。通过对三个视角的聚合，实现了多维度评价模式。同时，以各城市的多维度评价值为结果变量，以三个维度的现状和趋势为条件变量，对各城市进行路径分析。

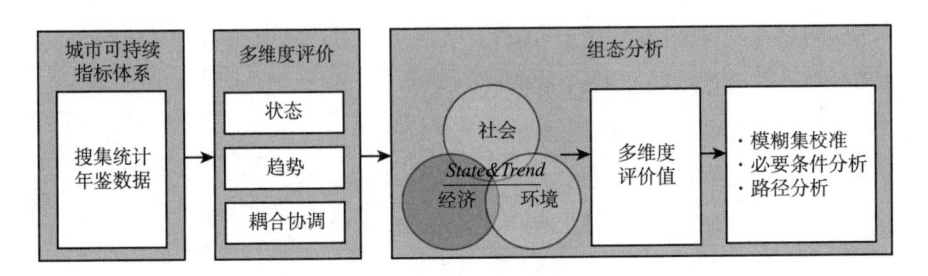

图 8.1 研究框架

8.3.2 评价指标体系构建

评价指标体系如表 8.2 所示（因数据采集年份不同，考虑到部分缺失指标问题，此处评价指标体系与第 7 章存在一定差异）。设置的 18 个指标的选取原因、子维度及相关统计描述如表 8.3 所示（表中描述性统计数据是根据 14 个城市 2015~2020 年的平均数据计算得出的）。

表 8.2　　城市可持续性评价指标

维度	指标［代码］	类别
社会	人口自然增长率［C1］	极大型
	互联网普及率［C2］	极大型
	全市登记失业率［C3］	极小型
	员工平均工资［C4］	极大型
	人均医疗机构床位数［C5］	极大型
	高校专职教师比例［C6］	极大型
经济	人均国内生产总值［C7］	极大型
	服务业占国内生产总值的比重［C8］	极大型
	一般公共预算人均收入［C9］	极大型
	人均外商投资［C10］	极大型
	人均金融机构存款额［C11］	极大型
	人均收入［C12］	极大型

续表

维度	指标 [代码]	类别
环境	人均绿地面积 [C13]	极大型
	人均每日生活用水量 [C14]	极大型
	人均车辆用于环境卫生 [C15]	极大型
	单位国内生产总值工业废水排放量 [C16]	极小型
	单位国内生产总值工业废气排放量 [C17]	极小型
	单位国内生产总值工业固体废物排放量 [C18]	极小型

表8.3 指标选择说明

指标代码	子维度	指标选择原因	下限(5%)	平均值	上限(95%)
C1	人口	社会老龄化程度越高,对社会的可持续发展就越不利	-4.667	-2.830	-0.758
C2	技术	互联网的普及率越高,越能促进社会的可持续发展	68.218	72.247	80.201
C3	职业	就业困难对社会可持续性有较大的负面影响	3.087	3.732	4.291
C4	民生	员工工资与幸福感密切相关,幸福社会是可持续发展的社会	53092	58988	60860
C5	医疗保健	人们就医是否方便可以体现社会医疗发展水平	6.092	6.763	7.245
C6	教育	反映社会对教育的重视	6.943	15.858	17.634
C7	经济实力	经济发展水平越高,经济体系的可持续性越强	29059	49409	59793
C8	现代经济	服务业在经济体系中的发展水平越高,就越有利于优化生产结构,促进市场的充分发展	44.598	48.032	52.307
C9	财政	财政收入越多,经济形势越好	2466.5	4762.5	6186.0
C10	对外贸易	对外经济贸易的水平反映了经济体系的交流活力	18.885	67.904	84.392
C11	存款	反映居民的储蓄能力	66637	115262	145278
C12	消费	反映常住居民的经济水平	28287	32234	36126
C13	生态	城市绿地环境	11.365	12.106	12.733

续表

指标代码	子维度	指标选择原因	下限(5%)	平均值	上限(95%)
C14	环保意识	市民节约用水意识增强	111.8	127.2	130.1
C15	保护设备	城市环保设备投资的多少反映了城市减少污染的努力程度	1.294	1.896	2.344
C16	废水处理	工业废水的排放会造成环境污染，不利于环境的可持续发展	1.530	2.088	2.623
C17	废气处理	工业废气排放影响环境的可持续性，污染环境，造成温室效应	0.823	2.797	5.634
C18	固体污染物处理	固体废物排放在许多方面影响环境的可持续性	0.204	1.899	2.816

为了确保每个维度的评价具有公平性和科学性，本书在每个维度中均选取了6个具有代表性的指标，以保证评估结果的平衡性和可比性。具体而言，在社会可持续性维度中，研究从人口结构、技术创新、就业水平、民生福祉、医疗服务以及教育资源等子维度中选取了关键指标。这些指标不仅能够反映城市社会发展的现状，还能够体现城市在人口管理、技术进步、社会保障以及公共服务等方面的能力与潜力。在经济可持续性维度中，研究从经济实力、现代经济结构、金融发展水平、对外贸易规模、居民储蓄能力以及消费能力等子维度中选取了相关指标。这些指标能够全面衡量城市的经济活力、产业结构优化程度、金融稳定性以及内外经济联系的紧密性，从而为评估城市经济的长期可持续发展提供依据。在环境可持续性维度中，研究从生态环境质量、公众环保意识、环保设备配置、污水处理能力、废气处理效率以及固体污染物处理水平等子维度中选取了关键指标。这些指标不仅能够反映城市在生态环境保护方面的现状，还能够体现城市在环境治理能力、资源利用效率以及绿色发展理念上的实践与成效。

在每个子维度中选择一个与可持续发展相关的代表性指标，主要基于以下三个重要原因。首先，基于可比性原则，确保各子维度的指标数量一致，有助于在横向和纵向比较中保持数据的一致性和公平性。如果某些子维度包含过多指标，而其他子维度指标数量较少，可能会导致评估结果的偏差，难以客观反映不同城市或地区在可持续发展中的实际表现。其次，选择单一代表性指标有助于保持每个子维度指标的独立性，避免因指标之间的重叠或相关性而影响评估结果的准确性。例如，如果在同一子维度中使用多个高度相关的指标，可能会导致重复计算，从而放大某些因素的影响，削弱评估的科学性和可靠性。最后，考虑到数据的可获得性和连续性，尤其是在较长的时间跨度内，获取更多指标数据的难度较大。许多与可持续发展相关的数据可能存在统计口径不一致、数据缺失或更新滞后等问题，因此选择具有代表性且易于获取的指标，能够确保评估的可持续性和可操作性。此外，单一代表性指标的选择还能够简化评估模型，降低数据分析的复杂性，使其更易于理解和应用，为政策制定者和研究人员提供清晰、直观的参考依据。总之，这种选择方式不仅符合科学评估的基本原则，也兼顾了实际操作的可行性和评估结果的可靠性。

8.3.3 多维度评价

多维度评价包括确定现状值、趋势值和耦合协调值，即可以从静态、动态和耦合协调的角度综合衡量城市可持续发展水平。接下来，分别从三个角度介绍评价价值的确定方法。

（1）计算现状值。考虑到数据类型和单位的不同，在进行多维度可持续评价之前，需要对所获得的指标进行预处理。因此，采用动态平均极差法对数据进行处理，并将其转换为可统一计算的形式。在不失一般性的前提下，设 $x_{ij}^o(t_k)$ 表示在 $t_k(k=1,2,\cdots,l)$ 期间指标 $u_j(j=1,2,\cdots,m)$ 对应的被评价对象 $o_i(i=1,2,\cdots,n)$ 的评价值，$x_{ij}(t_k) \in [0,1]$ 为预处理后的指标值，则：

$$x_{ij}(t_k) = \begin{cases} \dfrac{x_{ij}^o(t_k) - \min\limits_{i} x_{ij}^o(t_k)}{\max\limits_{i} x_{ij}^o(t_k) - \min\limits_{i} x_{ij}^o(t_k)}, & \text{如果 } u_j \text{ 是极大型指标} \\ \dfrac{\max\limits_{i} x_{ij}^o(t_k) - x_{ij}^o(t_k)}{\max\limits_{i} x_{ij}^o(t_k) - \min\limits_{i} x_{ij}^o(t_k)}, & \text{如果 } u_j \text{ 是极小型指标} \end{cases} \quad (8.1)$$

设 $S_i = S_i^{so} + S_i^{ec} + S_i^{en}$ 表示城市 o_i 的平均可持续性现状，即现状值。S_i^{so}、S_i^{ec} 和 S_i^{en} 分别为社会系统现状值、经济系统现状值和环境系统现状值。w_j^{so}

为 u_j 的社会维度指标权重，w_j^{ec} 为 u_j 的经济维度指标权重，w_j^{en} 为 u_j 的环境维度指标权重，则：

$$\begin{cases} S_j^{so} = \sum_{j=1}^{6} w_j^{so} \left(\sum_{k=1}^{l} x_{ij}(t_k)/l \right) \\ S_j^{ec} = \sum_{j=7}^{12} w_j^{ec} \left(\sum_{k=1}^{l} x_{ij}(t_k)/l \right) \\ S_j^{en} = \sum_{j=13}^{18} w_j^{en} \left(\sum_{k=1}^{l} x_{ij}(t_k)/l \right) \end{cases} \quad (8.2)$$

$$\begin{cases} w_j^{so} = sd_j / \left(3 \times \sum_{j=1}^{j=6} sd_j \right) \\ w_j^{ec} = sd_j / \left(3 \times \sum_{j=7}^{j=12} sd_j \right) \\ w_j^{en} = sd_j / \left(3 \times \sum_{j=13}^{j=18} sd_j \right) \end{cases} \quad (8.3)$$

当 $\sum_{j=1}^{6} w_j^{so} = \sum_{j=7}^{12} w_j^{ec} = \sum_{j=13}^{18} w_j^{en} = \frac{1}{3}$ 时，$\sum_{j=1}^{m} w_j = w_j^{so} + w_j^{ec} + w_j^{en} = 1$。即从可持续性的角度来看，这三个维度可以设置相同的重要性权重。采用客观加权方法的均方差法，减少主观加权对评价公平性的影响。sd_j 为指标 u_j 的均方差，则：

$$sd_j = \frac{1}{n} \times \sum_{i=1}^{n} \left(\sum_{k=1}^{l} x_{ij}(t_k)/l - \left(\sum_{i=1}^{n} \sum_{k=1}^{l} x_{ij}(t_k)/l \right)/n \right) \quad (8.4)$$

基本思想是：sd_j 越大，指标 u_j 越分散。应更多地注意这些指标；反之亦然，如果权重逐年变化，不利于政策引导。假定每年的权重是固定的，可以得到不同时间点的社会、经济和环境维度的现状值，即：$S_i^{so}(t_k) = \sum_{j=1}^{6} w_j^{so} x_{ij}(t_k)$，$S_i^{ec}(t_k) = \sum_{j=7}^{12} w_j^{ec} x_{ij}(t_k)$，$S_i^{en}(t_k) = \sum_{j=13}^{18} w_j^{ec} x_{ij}(t_k)$。

（2）计算趋势值。趋势值的计算逻辑与现状值的计算逻辑相同，但在公式表达上有所不同。应计算 $x_{ij}^o(t_k)$ 的原始年度变化趋势，即 $\Delta x_{ij}^o(t_k) = x_{ij}^o(t_k) - x_{ij}^o(t_{k-1})$。预处理后的变化趋势为 $\Delta x_{ij}(t_k)$，则：

$$\Delta x_{ij}(t_k) = \begin{cases} \dfrac{\Delta x_{ij}^o(t_k) - \min\limits_{i}\Delta x_{ij}^o(t_k)}{\max\limits_{i}\Delta x_{ij}^o(t_k) - \min\limits_{i}\Delta x_{ij}^o(t_k)}, & \text{如果 } u_j \text{ 是极大型指标} \\[2ex] \dfrac{\max\limits_{i}\Delta x_{ij}^o(t_k) - \Delta x_{ij}^o(t_k)}{\max\limits_{i}\Delta x_{ij}^o(t_k) - \min\limits_{i}\Delta x_{ij}^o(t_k)}, & \text{如果 } u_j \text{ 是极小型指标} \end{cases} \quad (8.5)$$

ΔS_i^{so}，ΔS_i^{ec} 和 ΔS_i^{en} 分别为社会趋势值、经济趋势值和环境趋势值，其中，Δw_j^{so}，Δw_j^{ec} 和 Δw_j^{en} 分别为社会、经济、环境维度指标的趋势权重，则：

$$\begin{cases} \Delta S_j^{so} = \sum_{j=1}^{6} \Delta w_j^{so}\left(\sum_{k=1}^{l}\Delta x_{ij}(t_k)/l\right) \\[1ex] \Delta S_j^{ec} = \sum_{j=7}^{12} \Delta w_j^{ec}\left(\sum_{k=1}^{l}\Delta x_{ij}(t_k)/l\right) \\[1ex] \Delta S_j^{en} = \sum_{j=13}^{18} \Delta w_j^{en}\left(\sum_{k=1}^{l}\Delta x_{ij}(t_k)/l\right) \end{cases} \quad (8.6)$$

$$\begin{cases} \Delta w_j^{so} = \Delta sd_j / \left(3 \times \sum_{j=1}^{j=6}\Delta sd_j\right) \\[1ex] \Delta w_j^{ec} = \Delta sd_j / \left(3 \times \sum_{j=7}^{j=12}\Delta sd_j\right) \\[1ex] \Delta w_j^{en} = \Delta sd_j / \left(3 \times \sum_{j=13}^{j=18}\Delta sd_j\right) \end{cases} \quad (8.7)$$

Δw_j^{so}，Δw_j^{ec} 和 Δw_j^{en} 的取值为 1/3，且 $\sum_{j=1}^{m}\Delta w_j = 1$。$\Delta sd_j$ 是 $\Delta x_{ij}(t_k)$ 的均方差，则：

$$\Delta sd_j = \frac{1}{n} \times \sum_{i=1}^{n}\left(\sum_{k=1}^{l}\Delta x_{ij}(t_k)/l - \left(\sum_{i=1}^{n}\sum_{k=1}^{l}\Delta x_{ij}(t_k)/l\right)/n\right) \quad (8.8)$$

Δsd_j 越大，指标 u_j 的变化趋势越分散。这一指标应得到更多的重视，反之亦然。以上三个维度在不同年份的趋势值如下：$\Delta S_i^{so}(t_k) = \sum_{j=1}^{6}\Delta w_j^{so}\Delta x_{ij}(t_k)$，$\Delta S_i^{ec}(t_k) = \sum_{j=7}^{12}\Delta w_j^{ec}\Delta x_{ij}(t_k)$ 和 $\Delta sd_j\Delta S_i^{en}(t_k) = \sum_{j=13}^{18}\Delta w_j^{ec}\Delta x_{ij}(t_k)$。

（3）计算耦合协调值。使用耦合协调模型来验证 14 个城市的三个系统之间是否存在和谐的关系。该模型由以下公式组成：

$$C_i(t_k) = 3 \times \left[\frac{S_i^{so}(t_k) \cdot S_i^{ec}(t_k) \cdot S_i^{en}(t_k)}{(S_i^{so}(t_k) + S_i^{ec}(t_k) + S_i^{en}(t_k))} \right]^{\frac{1}{3}} \quad (8.9)$$

$$T_i(t_k) = \frac{1}{3}(S_i^{so}(t_k) + S_i^{ec}(t_k) + S_i^{en}(t_k)) \quad (8.10)$$

$$D_i(t_k) = \sqrt{C_i(t_k) \times T_i(t_k)} \quad (8.11)$$

其中，$C_i(t_k)$，$T_i(t_k)$ 和 $D_i(t_k)$ 分别表示周期 t_k 对应的耦合度值、综合评价值和备选 o_i 的耦合协调度。$D_i(t_k)(0 \leq D_i(t_k) \leq 1)$ 越接近 1，城市的耦合协调性越好。相反，$D_i(t_k)$ 越接近 0，则协调性越差。

综合以上内容，可以得到多维度评价值如下：

$$M_i(t_k) = \frac{1}{3}(S_i(t_k) + \Delta S_i(t_k) + D_i^*(t_k)) \quad (8.12)$$

其中，$S_i(t_k) = (S_i^{so}(t_k) + S_i^{ec}(t_k) + S_i^{en}(t_k))/\sum_{i=1}^{n}(S_i^{so}(t_k) + S_i^{ec}(t_k) + S_i^{en}(t_k))$ 表示 t_k 时 o_i 的现状值。t_k 时 o_i 的趋势值示为 $\Delta S_i(t_k) = (\Delta S_i^{so}(t_k) + \Delta S_i^{ec}(t_k) + \Delta S_i^{en}(t_k))/\sum_{i=1}^{n}(\Delta S_i^{so}(t_k) + \Delta S_i^{ec}(t_k) + \Delta S_i^{en}(t_k))$。也就是说，在所有城市中，上述变量之和分别等于 1。$D_i^*(t_k) = D_i(t_k)/\sum_{i=1}^{i=n} D_i(t_k)$ 为归一化后的耦合协调度，有利于不同角度之间的横向比较。

8.3.4 FsQCA 定性分析

对于某一特定结果的出现，其背后的原因往往并非单一，而是多种因素相互作用、共同影响的结果。传统的案例研究方法通常侧重于对单一因果关系或线性关系的分析，难以全面揭示复杂现象背后的多重因果机制。而模糊集定性比较分析（fsQCA）方法则超越了传统研究方法的局限性，通过系统化的分析框架，深入探讨事件发生与其内部生成因素之间的因果关系及其复杂的互动关系。

fsQCA 方法不仅能够识别单一因素的影响，还能够揭示多种因素之间的组合效应，即不同因素如何以特定的方式相互结合，共同促成某一结果的产生。这种方法特别适用于研究那些由多重并发原因导致的复杂现象，因为它能够通过分析不同因素的可能组合，揭示出促成事件产生的关键因素及其相互联系。此外，fsQCA 方法还能够帮助研究者理解这些因素之间的非线性关系和协同效应，从而更全面地解释事件发生的深层次原因。通过对这些复杂因果关系的深入剖析，fsQCA 方法不仅能够增强对事件发生机制的理解，还能够为实践提供更为精准和有针对性的指导，帮助决策者识别关键驱动因素，制定更为有效的干预策略。fsQCA 方法通过其独特的分析视角和方法论优势，为研究复杂社会现象提供了强有力的工具，极大地拓展了我们对因果关系及其组合效应的认知边界。

fsQCA 方法组态分析的两个基本筛选标准是一致性和覆盖率。一致性是指相应的组态样本与原始数据中包含的信息之间的相似程度，而覆盖率是指样本的最终结果被特定组态解释的程度，则：

$$consistency_{X \Rightarrow Y} = \frac{\sum \min(X \cap Y)}{\sum X} \tag{8.13}$$

$$coverage_{X \Rightarrow Y} = \frac{\sum \min(X \cap Y)}{\sum Y} \tag{8.14}$$

其中，X 标定为自变量，Y 标定为因变量。一致性和覆盖率的取值范围为 [0, 1]。该方法的步骤如下：

（1）变量校准。对一组变量的分布集隶属度进行标定。根据前人的研究（Fiss P. C., 2011; Greckhamer T., 2016），将样本数据的 0.25 个百分点值对应完全不隶属校准点，0.50 个百分点值是交叉点，0.75 个百分点值对应完全隶属校准点；然后将六个独立变量[社会现状 $S_i^{so}(t_k)$、经济现状 $S_i^{ec}(t_k)$、环境现状 $S_i^{en}(t_k)$、社会趋势 $\Delta S_i^{so}(t_k)$、经济趋势 $\Delta S_i^{ec}(t_k)$、环境趋势 $\Delta S_i^{en}(t_k)$]和一个结果变量[多维度评价值 $M_i(t_k)$]进行校准。

（2）必要性分析。对于结果变量，必要性分析探讨单个因变量能否成为必要条件，即：

$$consistency_{Y \Rightarrow X} = \frac{\sum \min(X \cap Y)}{\sum Y} \tag{8.15}$$

若必要性一致性大于0.9,则剔除因变量。

(3)构建真值表和组态分析。生成包含所有组态的真值表(总计行数 $2^6=32$)由于案例数较多($n \times l = 84$),频率阈值参数设置为2,一致性阈值参数可设置为0.8,不一致性比例减少阈值参数可设置为0.7,删除不合格项,得到简化的真值表。

(4)组态分析。在正常情况下,组态分析的结果以常规符号显示:核心条件存在用●表示,边缘条件存在用•表示。如果核心条件不满足,使用⊗表示;如果边缘条件不满足,使用⊗表示。空白表示相应条件的存在与否不重要。在简约解和中间解中都存在的条件是核心条件。

8.4 结果分析与相关建议

8.4.1 结果分析

收集评价指标的原始数据后,将原始数据通过式(8.1)和式(8.2)进行预处理,通过式(8.3)和式(8.7)得到各指标的现状权值和趋势权值,如图8.2所示。可以看出,部分指标的现状权值与趋势权值比较接近,如C6、C8、C10、C11、C13。结果表明,上述指标对应的辽宁省各城市的静态数据与动态数据差异不大。但单项指标(C12和C16)的现状权值与趋势权重存在一定的差异。

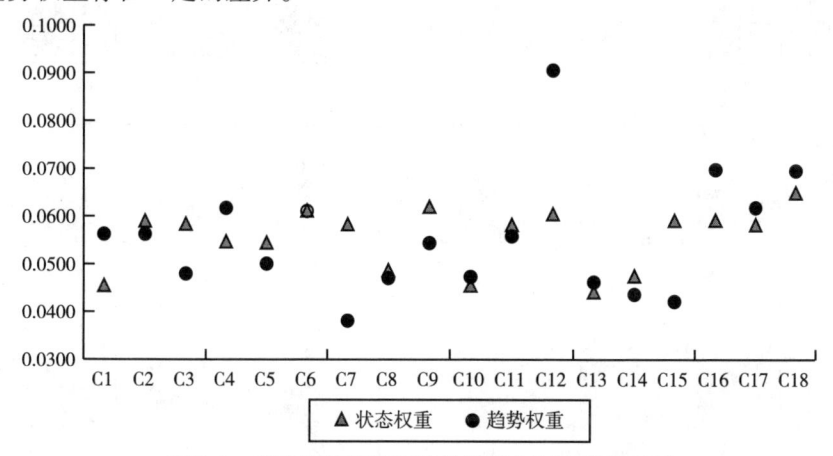

图8.2 城市可持续性评价的现状权重和趋势权重

将上述权重值与预处理后的指标值相结合,由式(8.2)和式(8.6)得到 14 个城市每年社会、经济、环境维度的现状权值和趋势权值。如图 8.3 所示,所示各城市的现状和趋势权值的年平均值由 $S_i^{so} = \sum_{t=1}^{l} S_i^{so}(t_k)/l, S_i^{ec} = \sum_{t=1}^{l} S_i^{ec}(t_k)/l, S_i^{en} = \sum_{t=1}^{l} S_i^{en}(t_k)/l, \Delta S_i^{so} = \sum_{t=1}^{l} \Delta S_i^{so}(t_k)/l, \Delta S_i^{ec} = \sum_{t=1}^{l} \Delta S_i^{ec}(t_k)/l$ 和 $\Delta S_i^{en} = \sum_{t=1}^{l} \Delta S_i^{en}(t_k)/l$ 计算得出。

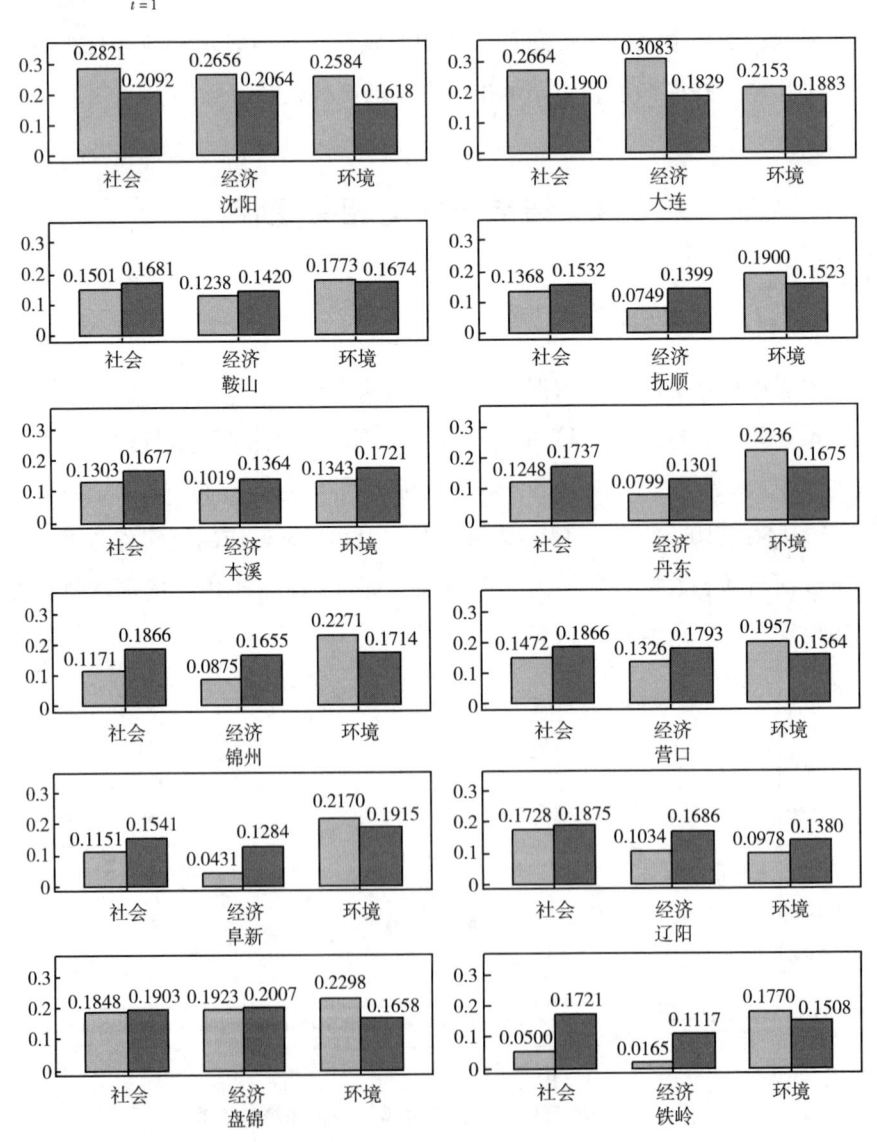

沈阳 社会 0.2821 0.2092 经济 0.2656 0.2064 环境 0.2584 0.1618

大连 社会 0.2664 0.1900 经济 0.3083 0.1829 环境 0.2153 0.1883

鞍山 社会 0.1501 0.1681 经济 0.1238 0.1420 环境 0.1773 0.1674

抚顺 社会 0.1368 0.1532 经济 0.0749 0.1399 环境 0.1900 0.1523

本溪 社会 0.1303 0.1677 经济 0.1019 0.1364 环境 0.1343 0.1721

丹东 社会 0.1248 0.1737 经济 0.0799 0.1301 环境 0.2236 0.1675

锦州 社会 0.1171 0.1866 经济 0.0875 0.1655 环境 0.2271 0.1714

营口 社会 0.1472 0.1866 经济 0.1326 0.1793 环境 0.1957 0.1564

阜新 社会 0.1151 0.1541 经济 0.0431 0.1284 环境 0.2170 0.1915

辽阳 社会 0.1728 0.1875 经济 0.1034 0.1686 环境 0.0978 0.1380

盘锦 社会 0.1848 0.1903 经济 0.1923 0.2007 环境 0.2298 0.1658

铁岭 社会 0.0500 0.1721 经济 0.0165 0.1117 环境 0.1770 0.1508

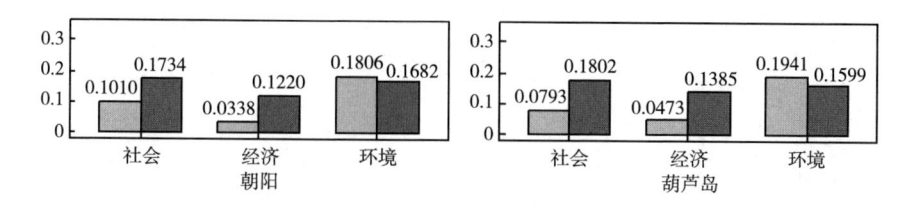

第8章 客体提升数据的定性分析 // 123

图8.3 现状和趋势的年平均值

注：浅灰条形为状态值，深灰条形为状态值。

本书从三个方面观察平均情况。社会和经济维度的现状值低于趋势值，环境维度的现状值高于趋势值。在社会维度上，现状最高、趋势最高、现状最低、趋势最低的城市分别是沈阳、沈阳、铁岭和抚顺。在经济维度上，现状最高、趋势最高、现状最低、趋势最低的城市分别是大连、沈阳、铁岭、铁岭。在环境维度上，相对应的城市是沈阳、阜新、辽阳和辽阳。按社会、经济、环境系统排序，各维度现状值区间分别为 [0.0500, 0.2821]、[0.0165, 0.3083] 和 [0.0978, 0.25837]，各维度趋势值区间分别为 [0.1532, 0.2092]、[0.1117, 0.2064] 和 [0.1380, 0.1915]。无论从现状还是未来发展趋势的角度来看，经济维度的分值幅度最大，其次是社会维度，最后是环境维度。

根据式（8.9）~式（8.11），2015~2020年的耦合协调度如图8.4所示，14个城市的耦合协调度总体分布如图8.5所示。可以看出，所得结果并不高。少数城市属于接近协调（0.5~0.6）和即将失衡（0.4~0.5）；大多城市属于轻度失衡（0.3~0.4）；还有少数城市属于中度失衡（0.2~0.3）。沈阳和大连表现较好；铁岭表现较差。

运用式（8.12）得到各时间点的多维度评价值，$S_i = \sum_{t=1}^{l} S_i(t_k)/l$，$\Delta S_i = \sum_{t=1}^{l} \Delta S_i(t_k)/l$ 和 $D_i = \sum_{t=1}^{l} D_i^*(t_k)/l$ 计算现状、趋势和耦合协调的年平均值。最终结论如表8.4所示。排名靠前的城市是沈阳和大连，排名靠后的城市如铁岭和朝阳，在各方面的排名都很靠后。有3个城市相比于其他城市有更好的政策洞察力，在整体排名中排名最高。有7个城市的趋势前景比其他城市更好，但这些城市在整体排名中排名相

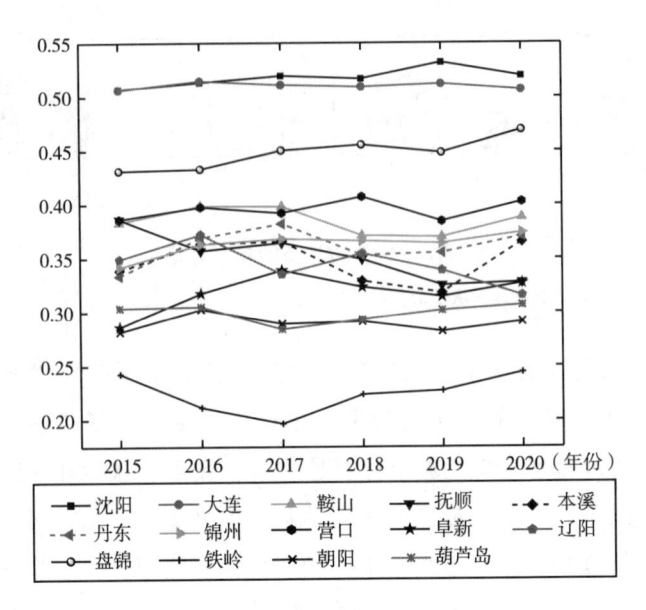

图 8.4　局部耦合协调度

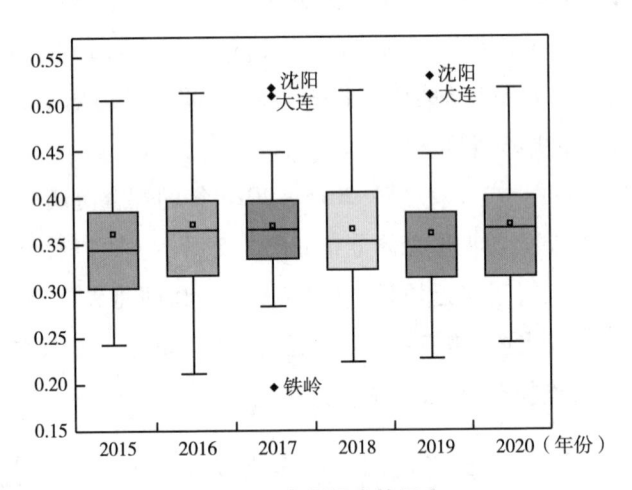

图 8.5　全局耦合协调度

对较低。大多数城市（占 71.43%）的耦合协调既不是最佳的，也不是最差的。现状值范围大于趋势值，也大于耦合协调值。从现状方面来看，其取值范围为 [0.0381, 0.1264]，大于耦合协调取值 [0.0435, 0.1005]。

表 8.4　　　　　　　　　　　　多视角评价

城市	取值					排名			
	状态	趋势	耦合协调	迷你图	多维	状态	趋势	耦合协调	多维
沈阳	0.1264	0.0829	0.1005		0.1033	1	1	1	1
大连	0.1238	0.0806	0.0990		0.1011	2	2	2	2
鞍山	0.0706	0.0686	0.0747		0.0713	5	8	5	5
抚顺	0.0629	0.0638	0.0683		0.0650	8	13	8	9
本溪	0.0572	0.0684	0.0673		0.0643	11	9	9	10
丹东	0.0670	0.0677	0.0700		0.0682	7	11	7	7
锦州	0.0676	0.0752	0.0704		0.0711	6	5	6	6
营口	0.0745	0.0754	0.0766		0.0755	4	4	4	4
阜新	0.0587	0.0681	0.0617		0.0628	9	10	11	11
辽阳	0.0586	0.0714	0.0668		0.0656	10	6	10	8
盘锦	0.0951	0.0802	0.0869		0.0874	3	3	3	3
铁岭	0.0381	0.0626	0.0435		0.0481	14	14	14	14
朝阳	0.0493	0.0666	0.0562		0.0574	13	12	13	13
葫芦岛	0.0502	0.0687	0.0581		0.0590	12	7	12	12

图 8.6 展示了 14 个城市在 2015~2020 年的多维度评价值,通过对这些数据的分析,可以清晰地观察到不同城市在可持续发展方面的表现及其变化趋势。在一线城市中,沈阳和大连的表现尤为引人注目。尽管沈阳在大多数年份的评价值优于大连,但其标准误差为 0.00603,明显高于大连的 0.00277。这表明沈阳的评估结果波动较大,稳定性相对较低,因此尽管其整体表现较好,但仍存在被大连赶超的可能性。大连则凭借较低的标准误差,显示出更为稳定的发展趋势,未来有望在可持续性方面实现进一步突破。

在二线城市中,盘锦市的表现尤为突出,其标准误差为 0.00548,显示出明显的领先趋势。盘锦市在多维度评估中的稳定性和整体表现均优于其他二线城市,成为该梯队中的佼佼者。相比之下,辽宁省的三线城市数量较多,如鞍山、锦州和阜新,它们的标准误差分别为 0.00215、0.00134

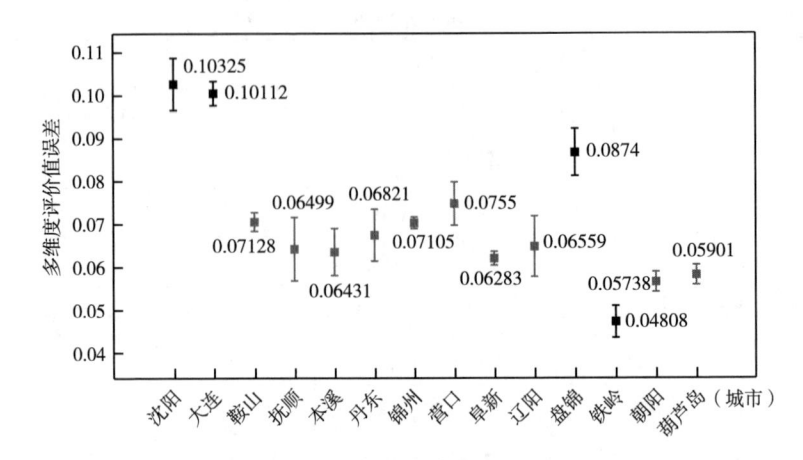

图 8.6 各城市 6 年多维度值误差

和 0.00161，变化趋势相对平稳，未表现出显著的波动或提升。这些城市的评价值虽然较为稳定，但整体水平仍有待提高。其他三线城市的标准误差相对较大，表明其发展过程中存在一定的不确定性。

位于第三梯队的朝阳和葫芦岛，其标准误差分别为 0.00233 和 0.00231，变化趋势同样不显著。这些城市的评价值在多年间保持相对稳定，既未出现明显的提升，也未出现显著的下降，显示出一种较为平稳但缺乏突破的发展状态。而第四梯队的铁岭市，其标准误差为 0.00374，近年来表现出明显的落后趋势。铁岭的评价值在多年间持续下滑，表明其在可持续发展方面面临较大的挑战，亟须采取有效措施以扭转当前的不利局面。

总体而言，通过对各城市标准误差和评价值的分析，可以清晰地识别出不同城市在可持续发展中的表现差异及其变化趋势。一线城市中，沈阳和大连的竞争尤为激烈；二线城市中，盘锦市表现突出；三线城市整体表现平稳但缺乏突破；而第四梯队的铁岭市则需重点关注其落后趋势，以制定针对性的改进策略。这些发现为政策制定者提供了重要的参考依据，有助于推动各城市在可持续发展道路上实现更为均衡和高效的发展。

为了确保定性比较分析（QCA）方法的计算过程具有可重复性，并提高处理大规模数据的效率，本书采用了 R 软件中的 QCA 包来完成数据校准、必要条件分析以及充分性分析等关键步骤。R 软件作为一种功能强大且开源的统计分析工具，其 QCA 包为研究者提供了灵活且高效的分析框架，能够有效支持复杂数据的处理和多维度因果关系的探索。在数据校准过程中，本书参照了相关理论和实践标准，对6个自变量和1个因变量进行了系统化的校准，以确保数据的准确性和可比性。具体而言，校准过程包括将原始数据转换为模糊集分数，从而更好地反映变量之间的非线性关系和组合效应。

为了便于理解和表述，本书对变量名称进行了简化和缩写。其中，S-SO、S-EC和S-EN分别代表社会状况、经济状况和环境状况，这三个变量用于衡量城市在社会、经济和环境三个维度上的当前发展水平。T-SO、T-EC和T-EN则分别代表社会趋势、经济趋势和环境趋势，用于描述城市在这三个维度上的发展动态和变化方向。此外，MP（多维度评价值）作为因变量，用于综合评估城市的整体可持续发展水平。表8.5中详细列出了校准后的变量及其汇总统计信息。

表8.5　　　　　　　　　　校准变量及汇总统计

集合	模糊集校准			描述性统计			
	完全不隶属	交叉点	完全隶属	平均	标准差	最小值	最大值
MP	0.0607	0.0698	0.0758	0.0714	0.0160	0.0419	0.1115
S-SO	0.1043	0.1408	0.1711	0.1470	0.0646	0.0242	0.2923
S-EC	0.0508	0.0969	0.1315	0.1151	0.0843	0.0060	0.3305
S-EN	0.1702	0.2006	0.2259	0.1941	0.0448	0.0467	0.2659
T-SO	0.1529	0.1762	0.2012	0.1780	0.0376	0.0986	0.2684
T-EC	0.1210	0.1578	0.1821	0.1537	0.0437	0.0706	0.2584
T-EN	0.1420	0.1668	0.1942	0.1651	0.0380	0.0861	0.2714

如表8.6所示，本书采用一致性基准0.90对必要条件进行了模糊集分析，以识别哪些条件变量是导致高水平多维度评价值的必要条件。通过对数据的系统分析，表中显示没有任何条件变量的一致性超过0.90，这意味着在当前的变量设置下，不存在单一的条件变量能够单独作为高水平多维度评价值的必要条件。因此，本书无须消除任何变量，而是可以直接将各个条件变量进行组合分析，以探索多因素之间的协同效应和组合路径。

表 8.6　必要性分析

变量	高水平 一致性	高水平 覆盖度	变量	低水平 一致性	低水平 覆盖度
S-SO	0.819	0.810	S-SO	0.299	0.321
S-EC	0.869	0.829	S-EC	0.306	0.316
S-EN	0.725	0.678	S-EN	0.385	0.391
T-SO	0.716	0.707	T-SO	0.379	0.405
T-EC	0.732	0.738	T-EC	0.339	0.369
T-EN	0.622	0.606	T-EN	0.452	0.477
~S-SO	0.314	0.292	~S-SO	0.823	0.831
~S-EC	0.284	0.274	~S-EC	0.835	0.873
~S-EN	0.349	0.344	~S-EN	0.682	0.728
~T-SO	0.398	0.372	~T-SO	0.727	0.735
~T-EC	0.374	0.343	~T-EC	0.759	0.755
~T-EN	0.463	0.438	~T-EN	0.627	0.642

进一步研究发现，实现高水平多维度评价值的路径并非依赖于单一的自变量策略，而是需要多个条件变量的组合作用。这一发现表明，城市可持续发展是一个复杂的系统性过程，其成功实现往往需要社会、经济、环境等多个维度的协同推进。例如，社会状况（S-SO）、经济状况（S-EC）和环境状况（S-EN）的改善可能需要在特定条件下同时发挥作用，才能显著提升城市的整体可持续发展水平。此外，社会趋势（T-SO）、经济趋势（T-EC）和环境趋势（T-EN）的动态变化也可能对最终结果产生重要影响。

表 8.7 中给出了分析高水平多维度评价值的五条驱动路径。其中，整体一致性为 0.960，即在满足 5 种组态策略的城市中，大多数城市（占 96.0%）的可持续性水平较高。而覆盖率为 0.698，则表示 5 种组态策略解释了 69.8% 的高度可持续城市案例。各策略的一致性均大于 0.9，大于设定的标准 0.8，而 PRI 值也大于传统标准 0.7，表明结果可靠。配置中没有⊗和⊗符号，这表明所有 6 个自变量都对性能有所贡献。这五种策略，即五种提升路径，可主要分为三种类型：

（1）注重高水平环境建设和经济稳定增长并轨（S-EN 型和 T-EC

型)。在该类型中，核心条件为 S-EN 和 T-EC，边缘条件为 S-SO 和 S-EC，或为 T-SO 和 T-EN，可使城市高水平可持续发展。S1 存在的可能性为 0.999，可以解释可持续城市高水平多视角评价值的 43.8%。同样，S2 的概率为 0.942，可以解释 28.6% 的可持续城市。

(2) 强调社会制度的现状和趋势与经济制度的现状和趋势（双 SO-EC 型)。有 S-SO、S-EC、T-SO、T-EC 4 种核心条件，无边缘条件。S3 存在的可能性为 0.993，可以解释高水平多视角评价值的 43.2%。但是，由于没有考虑环境系统的现状或趋势，所以最重要的是需要改进的核心变量。这实际上是一条无效途径，并不可取。

(3) 加强社会建设的同时保持环境增长趋势（S-SO 型和 T-EC 型)。城市高水平可持续发展的核心条件为 S-SO 和 T-EN，边缘条件为 S-EC 和 T-SO，或为 S-EN 和 T-SO。一致性 S4 的存在可能性为 0.976，可以解释 34.9% 的可持续城市。S5 的概率为 0.987，解释了 30.8% 的可持续城市。

表 8.7　　　　　　　　实现高水平多维度评价值的路径分析

条件	S-EN 型和 T-EC 型		SO-EC 型	S-SO 型和 T-EN 型	
	S1	S2	S3	S4	S5
S-SO	•		●	●	●
S-EC	•		●		•
S-EN	●	●			•
T-SO		•	●	●	
T-EC	●	●	●		
T-EN		•		●	●
一致性	0.999	0.942	0.993	0.976	0.987
原始值	0.438	0.286	0.432	0.349	0.308
独特值	0.105	0.057	0.036	0.020	0.037
PRI	0.999	0.923	0.992	0.970	0.983
整体一致性	0.960				
全面覆盖	0.698				

注：●表示前因条件出现，空格表示前因条件可有可无。

8.4.2 提升建议

本书从现状、趋势、耦合协调等多个角度对城市可持续发展绩效进行了综合评价。将上述定量结果与 fsQCA 的定性分析方法相结合，通过配置分析得出城市可持续发展的高水平的路径，从而为每个城市提供改进建议。从辽宁省整体来看，2015~2020 年代表城市可持续性水平的多维度评价值变化趋势不明显。辽宁省经济系统的可持续性和发展趋势低于社会和环境的可持续性和发展趋势。一方面是受新冠疫情影响；另一方面除沈阳和大连两个副省级城市外，其他城市规模相对较小，实力较弱。

为了促进辽宁省的可持续发展，需要分别分析各城市的优势、劣势和可持续性影响因素，并制定相应的改善方案，下文将对此进行说明。策略选择对应于组态分析所对应城市的最大频率（除了不推荐 S3 对应的城市频率）。铁岭、朝阳、葫芦岛由于多维度价值较低，没有直接对应的策略。因此，选择与三者现状和趋势最相似的城市战略作为其发展战略。辽宁省各城市的发展战略如表 8.8 所示。

表 8.8　　　　　　　　　　14 个城市的发展战略

城市	战略	城市	战略
沈阳	S1	营口	S1
大连	S1	阜新	S2
鞍山	S4	辽阳	S4
抚顺	S5	盘锦	S1
本溪	S4	铁岭	S5
丹东	S5	朝阳	S4
锦州	S2	葫芦岛	S2

对于适合 S1 战略的城市，相关管理建议如下：沈阳市 S-EN 的短板为 C14，是一个严重缺水的城市。既有资源短缺，也有水资源短缺。应注意提高公众节约用水的意识，提高节水行动的效率。C13、C14 为大连市 S-EN 弱指标，C5 为周边条件弱指标。在大力增加公园绿化面积和提高节水意识的同时，要提高医疗水平。C17 和 C8 分别为营口市 S-EN 和 T-EC 的弱指标。营口市工业废水排放量较高，应由政府和企业共同治理。逐步

提高服务业比重，可以间接扩大就业，保障社会稳定，促进经济高质量发展。盘锦市 S-EN 中 C14 和 C16 的相对较弱，说明盘锦市水资源管理存在问题。一方面要提高居民的节水意识，另一方面要提高工厂废水处理的效率。T-EC 中 C8 得分偏小，应逐步提高服务业的比重。

对于适合 S2 战略的城市，相关管理意见如下：锦州的 C15 和 C10 分别是 S-EN 和 T-EC 的弱指标。一方面要加大对环保设施的投入，另一方面要创造更加便利的营商环境，继续吸引和引进外资。C7、C9、C12 在 T-EC 中表现较弱，说明阜新经济增长、财政收入增长、消费增长较弱。要通过产业转型升级、建设优势产业等方式，重点关注并持续改善以上问题，增强城市经济实力。葫芦岛 C14 和 C11 分别在 S-EN 和 T-EC 中较弱。葫芦岛人均生活用水量较高，应该培养居民节约用水的意识；人均外来投资较低，营商环境和招商引资能力有待提高。

适合 S4 战略的城市有鞍山、本溪、辽阳、朝阳。在鞍山，S-SO 的弱指标是 C4，T-EN 的弱指标是 C13 和 C18，应该注重改善民生，也就是提高工人的工资。同时，注重改善绿地生态，致力于逐年减少固体废物排放量。本溪的 S-SO 的弱指标是 C1，急需关注人口流失问题并为之做准备。T-EN 的薄弱项是 C17，改善工业废气排放是一项长期而持久的任务，需要加强监督，支持工厂内部管理和治理技术。C2 和 C6 是 S-SO 的弱指标，说明辽阳市的技术水平和教育水平有待提高。T-EN 的弱指标是 C17 和 C18，证实废气和固废排放没有得到持续改善。辽阳市应加强环境保护，制定相关政策，并继续推动相关废物处理设施的升级改造。朝阳的 S-SO 弱指标为 C6，T-EN 弱指标为 C16 和 C17，朝阳应注重增加教师人数。同时废水和废弃物的减少趋势不明显，应加大对该领域的投资。

对适合采用战略 S5 的城市的相关管理建议如下。抚顺市 S-SO 和 T-EN 的弱点分别是 C1 和 C16。因此，抚顺市应重视提高人口自然增长率。人口问题是关系到未来城市长远发展的战略问题。面对工业废水排放问题，要加大对废水处理不合格企业的处罚力度，不断创新废水处理技术。丹东市 S-SO 和 T-EN 分别是 C4 和 C18 较弱。要注意改善影响民生的职工工资偏低的现实问题。同时，逐年减少工业固体废物的排放，大力推广工业固体废物减量化设备和技术，加快工业固体废物的处理和预防。对于铁岭来说，C2 和 C5 是 S‑SO 的弱指标，C15 是 T‑EN 的弱指标。技术和医疗是其社会系统的薄弱环节，应加强相应领域的建设。铁岭市应同步注重年度投资和环境卫生设施的升级。

8.5　本章小结

研究发现，辽宁省城市的现状、趋势、耦合协调性以及最终的多维度评价排名前四位的在排名上具有一致性，表明全面发展有利于实现更高的城市可持续性排名。辽宁省经济系统的现状和趋势得分较低，耦合协调结果较低，表明该省的经济振兴和可持续性提升迫在眉睫。

本书的研究动机和意义体现在两个方面。城市可持续性的多维度评价有助于认识到实现高水平的城市可持续性不仅依赖于静态评价，还依赖于内部系统（社会、经济和环境）的动态趋势和协调耦合。此外，考虑到城市间资源禀赋的差异，提高弱性指数具有挑战性。因此，可持续性的改进不应只关注弱势指标。只有这样，每个城市才能履行自己的责任，获得应有的地位。本书突破了传统的组态分析方法，提出了一种适合每个城市发展升级轨迹的全新概念（更加全面化和个性化），即将综合评价与 fsQCA 法相结合，为评价客体提升自身发展水平提供相匹配的定性分析方法。

未来的研究将主要集中在以下两个方向。首先，本书没有考虑将可以进一步优化可持续发展评价指标体系、努力提高评价的及时性和全面性的网络数据纳入评价体系。其次，现有研究中尚未考虑 fsQCA 输出数据与综合评价数据之间的内在相关性的问题。

第 9 章　结论与展望

9.1　研究结论

本书围绕综合评价主客体行为数据展开，从丰富综合评价理论体系和解决实际问题的角度出发，对传统综合评价模式进行了深度拓展。

主体行为数据优化是降低不同主体"有限理性"对评价质量影响的主要环节，本书在行为数据分析的基础上从三个方面构建可提升群体评价的公平性，降低评价主体心理行为数据对评价结论"非理性"影响的评价模型，并运用数值仿真技术验证和反馈研究方法的有效性。主体偏好数据的协同改进部分可用于存在群体心理阈值差异的评价问题快速求解，在引导评价相关者制定更为科学的评价流程的同时可得到相对高质量的群体评价数据信息；情感数据的客观过滤部分运用随机模拟方法生成评价者虚拟真实值，对群体评价者的情感行为数据进行逆向模拟分析，可用于隐性群体情感行为数据的评价信息便捷优化，引导评价相关者制定更为科学的评价参数；冗余数据的因子修正部分基于因子分析去除冗余数据的思想界定了主观评价数据真实值公共因子的内涵，具有提升群体评价数据精度的特点，在改进群体评价效率的同时可降低协商成本。

客体行为数据引导环节，通过多源数据的挖掘与分析对客体行为起到引导作用，并结合已有信息主次有序地为评价客体提供面向未来的数据化提升方案，可为评价客体提供更为精准的提升策略，在丰富评价结论的同时可为实际应用提供一定的信息支撑。客体提升数据的情感融入部分将行为引导与公众情感需求相结合，得出辽宁省公众对环境系统的重视程度最高,其次是经济系统和社会系统的结论;客体提升数据的融合提炼部分结合各客体的实际改善需求,构建相应的加权方法,通过对指标数据的分析,得到各客体的个性化改善需求的权重,对个体化权重匹配相应的提升公平性随机模拟算法,寻求多次模拟后处于稳定状态的评价值和优势概率,城市可以在了解自身环境可持续性水平的同时,获得满足自身需求的改善建议;客体提升数据的定性分析部分将多视角定量结果与模糊集定性比较分析相结合,进行组态分析,从而制定出符合各客体自身特点的可持续发展路径,得出辽宁省城市实现高水平可持续性有两条路径,一是注重高水平的环境建设和经济平稳增长并举;二是在保持环境增长态势的同时加强社会建设。

上述方法均为客观优化方法,而且操作简单,无需评价相关者提供额外的主观信息,可用于存在主体行为的评价问题快速求解,如区域生态可持续发展、应急管理水平评价、创新力评价等对评价数据精度有需求的重要领域,进而获得更加高质量的评价信息与评价结论。

9.2 研究展望

主体行为数据的有效获取是实现评价主体行为数据协同的重要前提条件,由于各类群体评价问题涉及的评价主体数量、主体关系、评价地点、评价方式等情境变量皆存在一定的差异,如何在复杂的情境下快速、准确地抓取主体行为,是本书未来需要探讨的关键问题。

大部分综合评价问题的评价目的是在得到公平结论的同时引导客体更好地发展,因同一引导方法作用于不同评价客体的反馈效果可能存在一定差异,如何制定方案以促进客体更高效地实现发展目标也是本书未来需要探索的方向。

参 考 文 献

[1] 陈骥，苏为华，张崇辉．基于属性分布信息的大规模群体评价方法及应用［J］．中国管理科学，2013，21（3）：146-152．

[2] 陈佳琦，石雨诺，邱冰．认知·情感·行为：城市动物园游客认同的影响机制研究［J］．现代城市研究，2022（9）：21-26．

[3] 陈建中，徐玖平．基于群体理性行为的 GDSS 设计及实现［J］．系统工程与电子技术，2007（2）：209-213．

[4] 陈晓红，李慧，谭春桥．考虑不同心理行为偏好的混合随机多属性决策［J］．系统工程理论与实践，2018，38（6）：1545-1556．

[5] 陈衍泰，陈国宏，李美娟．综合评价方法分类及研究进展［J］．管理科学学报，2004，7（2）：69-79．

[6] 戴维·迈尔斯．社会心理学（第八版）［M］．北京：人民邮电出版社，2016．

[7] 丁涛，梁樑．基于方案占优和排序稳健性的多属性决策方法［J］．中国管理科学，2016，24（8）：132-138．

[8] 樊治平，陈发动，张晓．考虑决策者心理行为的区间多属性决策方法［J］．东北大学学报（自然科学版），2011，32（1）：136-139．

[9] 范聪慧，殷水清，李志．三种多站点随机天气发生器日降水模拟对比研究——以嫩江流域为例［J］．地理研究，2023，42（5）：1425-1440．

[10] 冯栩，喻文健，李凌．结合领域知识的因子分析：在金融风险模型上的应用［J］．自动化学报，2022，48（1）：121-132．

[11] 付加锋，刘倩，马占云，营娜．我国 30 省份碳达峰能力综合评

价研究[J]. 生态经济, 2023, 39 (6): 18-24.

[12] 付晓刚, 唐仲华, 吕文斌, 王小明, 闫佰忠. 基于随机模拟的地下水污染物最优水力截获量[J]. 中国环境科学, 2018, 38 (9): 3421-3428.

[13] 郭亚军, 李伟伟, 易平涛. 带有情感客观过滤特征的综合评价方法及应用[J]. 系统工程, 2011, 29 (4): 84-87.

[14] 郭亚军, 周莹, 易平涛, 李伟伟. 基于全局信息的动态激励评价方法及激励策略仿真[J]. 系统工程学报, 2017, 32 (2): 281-288.

[15] 侯芳. 面向知识员工的预置群体二元式绩效评价方法[J]. 系统管理学报, 2018, 27 (6): 1133-1141.

[16] 江亿平, 张婷, 夏争鸣, 郑德俊. 基于在线评论情感分析模型的鲜果动态定价研究[J]. 管理学报, 2022, 19 (12): 1837-1846.

[17] 李美娟, 陈国宏, 庄花. 具有激励或惩罚特征的区域自主创新能力动态评价与分析[J]. 技术经济, 2009, 28 (10): 11-16.

[18] 李梦, 黄海军. 基于后悔理论的出行路径选择行为研究[J]. 管理科学学报, 2017, 20 (11): 1-9.

[19] 李伟伟, 易平涛, 郭亚军. 基于随机模拟视角的混合数据形式密度算子[J]. 运筹与管理, 2013, 22 (3): 132-138.

[20] 李伟伟, 易平涛, 郭亚军. 基于协商视角的密度算子及其应用[J]. 东北大学学报(自然科学版), 2013, 34 (6): 894-897.

[21] 梁霞, 刘政敏, 刘培德. 基于广义Choquet积分的Pythagorean不确定语言TODIM方法及其应用[J]. 控制与决策, 2018, 33 (7): 1303-1311.

[22] 刘光乾, 陈志丹. 基于前景理论的股权融资偏好行为解释[J]. 统计与决策, 2011 (5): 134-136.

[23] 刘健, 刘思峰, 马义中, 汪建均. 基于心理阈值的多属性决策问题目标调整研究[J]. 中国管理科学, 2015, 23 (2): 123-130.

[24] 刘培德. 一种基于前景理论的不确定语言变量风险型多属性决策方法[J]. 控制与决策, 2011, 26 (6): 893-897.

[25] 刘培德, 张新. 直觉不确定语言集成算子及在群决策中的应用

[J]. 系统工程理论与实践, 2012, 32 (12): 2704-2711.

[26] 卢亭宇, 庄贵军. 网购情境下消费者线下体验行为的扎根研究[J]. 管理评论, 2021, 33 (7): 190-202.

[27] 马君. 权变激励与有效绩效评价系统设计研究[J]. 科研管理, 2009, 30 (2): 184-192.

[28] 庞庆华, 董显蔚, 周斌, 付眸. 基于情感分析与 TextRank 的负面在线评论关键词抽取[J]. 情报科学, 2022, 40 (5): 111-117.

[29] 彭丽徽, 蒋欣, 毛太田. 风险认知视角下社交媒体用户健康信息规避行为关键影响因素研究[J/OL]. 情报科学: 1-12.

[30] 苏为华, 陈骥. 综合评价技术的扩展思路[J]. 统计研究, 2006 (2): 32-37, 81.

[31] 锁箭, 任宏程. 我国高新技术企业发展综合评价研究[J]. 经济问题探索, 2023 (4): 72-85.

[32] 汤旖璆, 苏鑫, 刘琪. 地方财政压力与环境规制弱化——环境机会主义行为选择的经验证据[J]. 财经理论与实践, 2023, 44 (3): 82-91.

[33] 田贵良, 胡豪, 景晓栋. 基于演化博弈的水权交易双方行为策略选择及案例仿真[J]. 中国人口·资源与环境, 2023, 33 (4): 184-195.

[34] 王坚强, 孙腾, 陈晓红. 基于前景理论的信息不完全的模糊多准则决策方法[J]. 控制与决策, 2009, 24 (8): 1198-1202.

[35] 王露, 易平涛, 李伟伟. 多源不确定信息的随机模拟聚合评价方法及应用[J/OL]. 中国管理科学: 1-13.

[36] 王新平, 张子鸣. 风险偏好视角下共享制造企业机会主义共享行为演化分析[J]. 软科学, 2023, 37 (4): 68-77, 108.

[37] 王宗军. 综合评价的方法、问题及其研究趋势[J]. 管理科学学报, 1998, 1 (1): 75-81.

[38] 危小超, 李岩峰, 聂规划, 陈冬林. 基于后悔理论与多 Agent 模拟的新产品扩散消费者决策互动行为研究[J]. 中国管理科学, 2017, 25 (11): 66-75.

[39] 徐玖平, 李军. 多目标决策的理论与方法 [M]. 北京: 清华大学出版社, 2005.

[40] 徐泽水. 不确定多属性决策方法及应用 [M]. 北京: 清华大学出版社, 2004.

[41] 徐泽水. 纯语言多属性群决策方法研究 [J]. 控制与决策, 2004, 19 (7): 778-781, 786.

[42] 徐振宁, 张维明, 陈文伟. 基于 mas 的群决策支持系统研究 [J]. 管理科学学报, 2013, 5 (1): 85-92.

[43] 许叶军, 达庆利. 基于不同粒度语言判断矩阵的多属性群决策方法 [J]. 管理工程学报, 2009, 23 (2): 69-73.

[44] 杨锋, 杨琛琛, 梁樑, 许传永. 基于公共权重 DEA 模型的决策单元排序研究 [J]. 系统工程学报, 2011, 26 (4): 551-557.

[45] 杨善林, 倪志伟. 机器学习与智能决策支持系统 [M]. 北京: 科学出版社, 2004.

[46] 杨永清, 徐运成, 樊治平, 王晰巍. 情感驱动的社交网络用户内容创建及信息传播行为研究 [J/OL]. 现代情报: 1-16.

[47] 易平涛, 冯雪丽, 郭亚军, 张丹宁. 基于分层激励控制线的多阶段信息集结方法 [J]. 运筹与管理, 2013, 22 (6): 140-146.

[48] 易平涛, 郭亚军, 张丹宁. 基于双激励控制线的多阶段信息集结方法 [J]. 预测, 2007, 26 (3): 39-43.

[49] 易平涛, 李伟伟, 郭亚军. 泛综合评价信息集成框架求解算法及应用 [J]. 中国管理科学, 2015, 23 (10): 131-138.

[50] 易平涛, 李伟伟, 郭亚军. 综合评价理论与方法 (第二版) [M]. 北京: 经济管理出版社, 2019.

[51] 易平涛, 王士烨, 李伟伟, 董乾坤. 基于评价信息随机化的群体评价方法与应用 [J]. 运筹与管理, 2023, 32 (1): 134-140.

[52] 易平涛, 由海燕, 郭亚军, 李伟伟. 基于时序增益激励的多阶段评价信息集结方法 [J]. 系统工程, 2015, 32 (12): 126-131.

[53] 易平涛, 张丹宁, 郭亚军. 基于泛激励控制线的多阶段信息集结方法 [J]. 运筹与管理, 2010, 2 (1): 49-55.

[54] 易平涛, 张丹宁, 郭亚军. 综合评价的随机模拟求解算法及应用 [J]. 运筹与管理, 2009, 18 (5): 97-106.

[55] 余高锋, 李登峰, 吴坚, 叶银芳. 考虑决策者损失规避的异质信息多属性变权决策方法 [J]. 中国管理科学, 2018, 26 (9): 141-147.

[56] 岳超源. 决策理论与方法 [M]. 北京: 科学出版社, 2011.

[57] 张发明, 郭亚军. 一种基于两阶段协商的群体评价方法 [J]. 系统工程与电子技术, 2009, 31 (7): 1647-1650.

[58] 张发明, 郭亚军, 易平涛. 一种基于蒙特卡罗模拟的群体协商评价方法及其应用 [J]. 运筹与管理, 2010, 19 (2): 63-67.

[59] 张发明. 基于交互密度算子的交互式群体评价信息集结方法及其应用 [J]. 中国管理科学, 2014, 22 (12): 142-148.

[60] 张发明, 孙文龙. 改进的动态激励综合评价方法及应用 [J]. 系统工程学报, 2015, 30 (5): 711-718.

[61] 张发明, 孙文龙. 基于区间数的多阶段交互式群体评价方法及应用 [J]. 中国管理科学, 2014, 22 (10): 129-135.

[62] 张杰, 张远圣. 基于因子分析的我国P2P网贷平台风险评价研究 [J]. 会计之友, 2019 (7): 23-27.

[63] 张永强, 蒲晨曦, 彭有幸. 农民绿色消费意识对其消费行为的影响研究 [J]. 商业研究, 2018 (7): 168-176.

[64] 赵海燕, 曹健, 张友良. 一种群体评价一致性合成方法 [J]. 系统工程理论与实践, 2000 (7): 52-57.

[65] 赵为民, 李光龙. 财政政策、收入再分配与居民福利——基于Bewley模型的动态随机均衡模拟 [J]. 财经科学, 2023 (4): 78-90.

[66] 周金明, 苏为华, 周蕾, 何帮强. 基于距离测度的直觉模糊群组评价共识达成方法 [J]. 数学的实践与认识, 2018, 48 (19): 184-193.

[67] 周莹, 郭亚军, 易平涛, 李东涵. 中国省域低碳经济运行状况综合评价方法及其应用 [J]. 技术经济, 2015, 34 (8): 52-57.

[68] 周莹, 易平涛, 郭亚军. 心理阈值协同视角下的群体评价方法及应用 [J]. 中国管理科学, 2017, 25 (4): 158-163.

[69] 朱世琴, 陈红英, 才铭洁. 高校学生信息困境评价指标体系构

建及实证研究 [J]. 情报科学, 2023, 41 (3): 19-25, 44.

[70] Abbasi G. A., Sandran T., Ganesan Y., et al. Go cashless! Determinants of continuance intention to use E-wallet apps: A hybrid approach using PLS-SEM and fsQCA [J]. Technology in Society, 2022, 68: 101937.

[71] Abu-Rayash A., Dincer I. Development of integrated sustainability performance indicators for better management of smart cities [J]. Sustainable Cities and Society, 2021, 67: 102704.

[72] Afgan N. H., da Graça Carvalho M., Afgan N. H., et al. Energy system assessment with sustainability indicators [J]. Sustainable Assessment Method for Energy Systems: Indicators, Criteria and Decision Making Procedure, 2000: 83-125.

[73] Akram M., Adeel A., Alcantud J. R. Group decision-making methods based on hesitant N-soft sets [J]. Expert Systems with Applications, 2019, 115: 95-105.

[74] Andreas J. J., Burns C., Touza J. Renewable energy as a luxury? A qualitative comparative analysis of the role of the economy in the EU's renewable energy transitions during the 'double crisis' [J]. Ecological Economics, 2017, 142: 81-90.

[75] Artmann M., Sartison K., Vávra J. The role of edible cities supporting sustainability transformation-A conceptual multi-dimensional framework tested on a case study in Germany [J]. Journal of Cleaner Production, 2020, 255: 120220.

[76] Asmussen S., Glynn P. W. Stochastic simulation: Algorithms and analysis [M]. New York: Springer, 2007.

[77] Azunre G. A., Amponsah O., Takyi S. A., et al. Informality-sustainable city nexus: The place of informality in advancing sustainable Ghanaian cities [J]. Sustainable Cities and Society, 2021, 67: 102707.

[78] Benítez J., Carpitella S., Certa A., Izquierdo J. Management of uncertain pairwise comparisons in AHP through probabilistic concepts [J]. Applied Soft Computing, 2019, 78: 274-285.

[79] Casazza M., Lega M., Jannelli E., et al. 3D monitoring and modelling of air quality for sustainable urban port planning: Review and perspectives [J]. Journal of Cleaner Production, 2019, 231: 1342-1352.

[80] Casazza M., Lega M., Jannelli E., Minutillo M., Jaffe D., Severino V., Ulgiati S. 3D monitoring and modelling of air quality for sustainable urban port planning: Review and perspectives [J]. J CLEAN PROD 2019, 231: 1342-1352.

[81] Cattell R. B. The scientific analysis of personality and motivation [J]. Eugenics Review, 1967, 8 (5): 37.

[82] Chang R. A., Gerrits L. What spatially stabilizes temporary use? A qualitative comparative analysis of 40 temporary use cases along synchronized trajectories of stabilization [J]. Cities, 2022, 130: 103868.

[83] Chaudhary A., Gustafson D., Mathys A. Multi-indicator sustainability assessment of global food systems [J]. Nature Communications, 2018, 9 (1): 848.

[84] Cheng W., Xi H., Sindikubwabo C., et al. Ecosystem health assessment of desert nature reserve with entropy weight and fuzzy mathematics methods: A case study of Badain Jaran Desert [J]. Ecological Indicators, 2020, 119: 106843.

[85] Chen Y., Zhang D. Evaluation and driving factors of city sustainability in Northeast China: An analysis based on interaction among multiple indicators [J]. Sustainable Cities and Society, 2021, 67: 102721.

[86] Chen Y., Zhu M., Lu J., et al. Evaluation of ecological city and analysis of obstacle factors under the background of high-quality development: Taking cities in the Yellow River Basin as examples [J]. Ecological Indicators, 2020, 118: 106771.

[87] Chen Z., Avraamidou S., Liu P., et al. Optimal design of integrated urban energy system under uncertainty and sustainability requirements [M] //Computer Aided Chemical Engineering. Elsevier, 2020, 48: 1423-1428.

[88] Da Silva L., Prietto P. D. M., Korf E. P. Sustainability indicators for urban solid waste management in large and medium-sized worldwide cities [J]. Journal of Cleaner Production, 2019, 237: 117802.

[89] Dias L., Sarabando P. A note on a group preference axiomatization with cardinal utility [J]. Decision Analysis, 2012, 9 (3): 231-237.

[90] Dou P., Zuo S., Ren Y., et al. Refined water security assessment for sustainable water management: A case study of 15 key cities in the Yangtze River Delta, China [J]. Journal of environmental management, 2021, 290: 112588.

[91] Du Y., Kim P. H. One size does not fit all: Strategy configurations, complex environments, and new venture performance in emerging economies [J]. Journal of Business Research, 2021, 124: 272-285.

[92] Eggimann S., Truffer B., Feldmann U., et al. Screening European market potentials for small modular wastewater treatment systems-an inroad to sustainability transitions in urban water management? [J]. Land Use Policy, 2018, 78: 711-725.

[93] Elkington J. Partnerships from cannibals with forks: The triple bottom line of 21st-century business [J]. Environmental quality management, 1998, 8 (1): 37-51.

[94] Eslamian S. A., Li S. S., Haghighat F. A new multiple regression model for predictions of urban water use [J]. Sustainable Cities and Society, 2016, 27: 419-429.

[95] Fiss P. C. Building better causal theories: A fuzzy set approach to typologies in organization research [J]. Academy of management journal, 2011, 54 (2): 393-420.

[96] Gou X. J., Xu Z. S., Herrera F. Consensus reaching process for large-scale group decision making with double hierarchy hesitant fuzzy linguistic preference relations [J]. Knowledge-Based Systems, 2018, 157: 20-33.

[97] Greckhamer T. CEO compensation in relation to worker compensation across countries: The configurational impact of country-level institutions [J].

Strategic Management Journal, 2016, 37 (4): 793-815.

[98] Hartmann J., Inkpen A., Ramaswamy K. An FsQCA exploration of multiple paths to ecological innovation adoption in European transportation [J]. Journal of World Business, 2022, 57 (5): 101327.

[99] Hendiani S., Sharifi E., Bagherpour M., et al. A multi-criteria sustainability assessment approach for energy systems using sustainability triple bottom line attributes and linguistic preferences [J]. Environment, Development and Sustainability, 2020, 22: 7771-7805.

[100] He Y., Chen H., Zhou L., et al. Generalized intuitionistic fuzzy geometric interaction operators and their application to decision making [J]. Expert Systems with Applications, 2014, 41 (5): 2484-2495.

[101] Howard M. C., Henderson J. A review of exploratory factor analysis in tourism and hospitality research: Identifying current practices and avenues for improvement [J]. Journal of Business Research, 2023, 154: 113328.

[102] Huang G., Tong Y., Ye F., et al. Extending social responsibility to small and medium-sized suppliers in supply chains: A fuzzy-set qualitative comparative analysis [J]. Applied Soft Computing, 2020, 88: 105899.

[103] James S. The Wisdom of Crowds [M]. New York, N Y: W. W. Norton & Company, 2004.

[104] Jiang L., Wu Y., He X., et al. Dynamic simulation and coupling coordination evaluation of water footprint sustainability system in Heilongjiang province, China: A combined system dynamics and coupled coordination degree model [J]. Journal of Cleaner Production, 2022, 380: 135044.

[105] Jiang Y. P., Liang X., Liang H. N., Yang N. M. Multiple criteria decision making with interval stochastic variables: A method based on interval stochastic dominance [J]. European Journal of Operational Research, 2018, 271 (2): 632-643.

[106] Kahneman D., Tversky A. Prospect theory: An analysis of decision under risk [J]. Econometrica, 1979, 47: 263-291.

[107] Kardakaris K., Dimitriadis P., Iliopoulou T., et al. Stochastic

simulation of wind wave parameters for energy production [J]. Ocean Engineering, 2023, 274: 114029.

[108] Keeney R. L. Foundations for group decision analysis [J]. Decision Analysis, 2013, 10 (2): 103-120.

[109] Khorramshahgol R., Moustakis V. S. Delphic hierarchy process (DHP): A methodology for priority setting derived from the Delphi method and analytical hierarchy process [J]. European Journal of Operational Research, 1988, 37 (3): 347-354.

[110] Koroso N. H., Zevenbergen J. A., Lengoiboni M. Urban land use efficiency in Ethiopia: An assessment of urban land use sustainability in Addis Ababa [J]. Land use policy, 2020, 99: 105081.

[111] Kush J. M., Masyn K. E., Amin-Esmaeili M., et al. Utilizing moderated non-linear factor analysis models for integrative data analysis: A tutorial [J]. Structural Equation Modeling: A Multidisciplinary Journal, 2023, 30 (1): 149-164.

[112] Liang D. C., Zhang Y. R. J., Xu Z. S., Jamaldeen A. Pythagorean fuzzy VIKOR approaches based on TODIM for evaluating internet banking website quality of Ghanaian banking industry [J]. Applied Soft Computing, 2019, 78: 583-594.

[113] Lin J., Chen R. Q. Multiple attribute group decision making based on nucleolus weight and continuous optimal distance measure [J]. Knowledge-Based Systems, 2020: 105719.

[114] Liu B. S., Zhou Q., Ding R. X., Palomares I., Herrera F. Large-scale group decision making model based on social network analysis: Trust relationship-based conflict detection and elimination [J]. European Journal of Operational Research, 2019, 275 (2): 737-754.

[115] Liu H. H., Song Y. Y., Yang G. L. Cross-efficiency evaluation in data envelopment analysis based on prospect theory [J]. European Journal of Operational Research, 2019, 237 (1): 364-375.

[116] Liu J., Kong Y., Li S., et al. Sustainability assessment of port

cities with a hybrid model-empirical evidence from China [J]. Sustainable Cities and Society, 2021, 75: 103301.

[117] Liu L., Jensen M. B. Green infrastructure for sustainable urban water management: Practices of five forerunner cities [J]. Cities, 2018, 74: 126 – 133.

[118] Liu P., Zhu B., Yang M., et al. ESG and financial performance: A qualitative comparative analysis in China's new energy companies [J]. Journal of Cleaner Production, 2022, 379: 134721.

[119] Li W., Yi P. Assessment of city sustainability—Coupling coordinated development among economy, society and environment [J]. Journal of Cleaner Production, 2020, 256: 120453.

[120] Li W., Yi P., Zhang D. Investigation of sustainability and key factors of Shenyang city in China using GRA and SRA methods [J]. Sustainable Cities and Society, 2021, 68: 102796.

[121] Lou S., Yao C., Zhang D. How to promote green innovation of high-pollution firms? A fuzzy-set QCA approach based on the TOE framework [J]. Environment, Development and Sustainability, 2023: 1 – 25.

[122] Luo L., Wang Y., Liu Y., et al. Where is the pathway to sustainable urban development? Coupling coordination evaluation and configuration analysis between low-carbon development and eco-environment: A case study of the Yellow River Basin, China [J]. Ecological Indicators, 2022, 144: 109473.

[123] Messaoud E. A chance constrained programming model and an improved large neighborhood search algorithm for the electric vehicle routing problem with stochastic travel times [J]. Evolutionary Intelligence, 2023, 16 (1): 153 – 168.

[124] Pardo-Bosch F., Blanco A., Sesé E., et al. Sustainable strategy for the implementation of energy efficient smart public lighting in urban areas: Case study in San Sebastian [J]. Sustainable Cities and Society, 2022, 76: 103454.

[125] Pelaez J. I., Dona J. M. Majority additive-ordered weighting avera-

ging: A new neat ordered weighting averaging operator based on the majority process [J]. International Journal of Intelligent Systems, 2003, 18: 469 – 481.

[126] Qian C., Mathur N., Zakaria N. H., et al. Understanding public opinions on social media for financial sentiment analysis using AI-based techniques [J]. Information Processing & Management, 2022, 59 (6): 103098.

[127] Qian X. Y., Liang Q. M. Sustainability evaluation of the provincial water-energy-food nexus in China: Evolutions, obstacles, and response strategies [J]. Sustainable Cities and Society, 2021, 75: 103332.

[128] Ren J., Liang H., Chan F. T. S. Urban sewage sludge, sustainability, and transition for Eco-City: Multi-criteria sustainability assessment of technologies based on best-worst method [J]. Technological Forecasting and Social Change, 2017, 116: 29 – 39.

[129] Reza B., Sadiq R., Hewage K. Sustainability assessment of flooring systems in the city of Tehran: An AHP-based life cycle analysis [J]. Construction and Building Materials, 2011, 25 (4): 2053 – 2066.

[130] Roda J. M. C., Castanho R. A., Fernández J. C., et al. Sustainable valuation of land for development. Adding value with urban planning progress. A Spanish case study [J]. Land Use Policy: The International Journal Covering All Aspects of Land Use, 2020, 92: 12.

[131] Saaty T. L. Decision-making with the AHP: Why is the principal eigenvector necessary [J]. European Journal of Operational Research, 2003, 145 (1): 85 – 91.

[132] Santoso W., Deng H. P. Consensus-based decision support for multicriteria group decision making [J]. Computers & Industrial Engineering, 2013, 66: 625 – 633.

[133] Siddiqui A. W., Raza S. A., Tariq Z. M. A web-based group decision support system for academic term preparation [J]. Decision Support Systems, 2018, 114: 1 – 7.

[134] Siebert J. U., Kunz R. E., Rolf P. Effects of proactive decision

making on life satisfaction [J]. European Journal of Operational Research, 2020, 280 (3): 1171 - 1187.

[135] Singh K., Hachem-Vermette C. Economical energy resource planning to promote sustainable urban design [J]. Renewable and Sustainable Energy Reviews, 2021, 137: 110619.

[136] Song H. F., Ran L., Shang J. Multi-period optimization with loss-averse customer behavior: Joint pricing and inventory decisions with stochastic demand [J]. Expert Systems with Applications, 2017, 72: 421 - 429.

[137] Song M., Tao W., Shang Y., et al. Spatiotemporal characteristics and influencing factors of China's urban water resource utilization efficiency from the perspective of sustainable development [J]. Journal of Cleaner Production, 2022, 338: 130649.

[138] Spearman C. General intelligence, objectively determined and measured [J]. The American Journal of Psychology, 1904, 15 (2): 201 - 292.

[139] Wang H., Hou M. Quantum-like implicit sentiment analysis with sememes knowledge [J]. Expert Systems with Applications, 2023: 120720.

[140] Wang J., Ding S., Song M., Fan W., Yang S. L. Smart community evaluation for sustainable development using a combined analytical framework [J]. Journal of Cleaner Production, 2018, 193: 158 - 168.

[141] Wang W. Z., Liu X. W., Qin Y., Fu Y. A risk evaluation and prioritization method for FMEA with prospect theory and Choquet integral [J]. Safety Science, 2018, 110: 152 - 163.

[142] Wang Y., Wen Z., Li H. Symbiotic technology assessment in iron and steel industry based on entropy TOPSIS method [J]. Journal of Cleaner Production, 2020, 260: 120900.

[143] Wang Z. J., Tong X. Y. Consistency analysis and group decision making based on triangular fuzzy additive reciprocal preference relations [J]. Information Sciences, 2016, 361: 29 - 47.

[144] Wang Z. L., Wang Y. M. Prospect theory-based group decision-making with stochastic uncertainty and 2-tuple aspirations under linguistic assess-

ments [J]. Information Fusion, 2020, 56: 81-92.

[145] Wu H. W., Zhen J., Zhang J. Urban rail transit operation safety evaluation based on an improved CRITIC method and cloud model [J]. Journal of Rail Transport Planning & Management, 2020, 16: 100206.

[146] Wu M., Long R., Chen F., et al. Spatio-temporal difference analysis in climate change topics and sentiment orientation: Based on LDA and BiLSTM model [J]. Resources, Conservation and Recycling, 2023, 188: 106697.

[147] Wu T., Liu X. W., Liu F. An interval type-2 fuzzy TOPSIS model for large scale group decision making problems with social network information [J]. Information Sciences, 2018, 432: 392-410.

[148] Xu Z. S. On consistency of the weighted geometric mean complex judgement matrix in AHP [J]. European Journal of Operational Research, 2000, 126 (3): 683-687.

[149] Yang F., Wang M. M. A review of systematic evaluation and improvement in the big data environment [J]. Frontiers of Engineering Management, 2020, 7 (1): 1-20.

[150] Yang Z., Zhan J., Wang C, et al. Coupling coordination analysis and spatiotemporal heterogeneity between sustainable development and ecosystem services in Shanxi Province, China [J]. Science of the Total Environment, 2022, 836: 155625.

[151] Yildiz D., Temur G. T., Beskese A., et al. Evaluation of positive employee experience using hesitant fuzzy analytic hierarchy process [J]. Journal of Intelligent & Fuzzy Systems, 2020, 38 (1): 1043-1058.

[152] Yong A. G., Pearce S. A beginner's guide to factor analysis: Focusing on exploratory factor analysis [J]. Tutorials in quantitative methods for psychology, 2013, 9 (2): 79-94.

[153] Yue C. Entropy-based weights on decision makers in group decision-making setting with hybrid preference representations [J]. Applied Soft Computing, 2017, 60: 737-749.

[154] Özerol G., Karasakal E. A parallel between regret theory and outranking methods for multicriteria decision making under imprecise information [J]. Theory and Decision, 2008, 65 (1): 45-70.

[155] Zhang D., Chen Y. Evaluation on urban environmental sustainability and coupling coordination among its dimensions: A case study of Shandong Province, China [J]. Sustainable Cities and Society, 2021, 75: 103351.

[156] Zhang F. W., Xu S. H. Multiple attribute group decision making method based on utility theory under interval-valued intuitionistic fuzzy environment [J]. Group Decision and Negotiation, 2016, 25 (6): 1261-1275.

[157] Zhang S. T., Zhu J. J., Liu X. D., Chen Y. Regret theory-based group decision-making with multidimensional preference and incomplete weight information [J]. Information Fusion, 2016, 31: 1-13.

[158] Zhou X. Y., Wang L. Q., Liao H. C., A prospect theory-based group decision approach considering consensus for portfolio selection with hesitant fuzzy information [J]. Knowledge-Based Systems, 2019, 168 (15): 28-38.

[159] Zhou Y., Li W., Yi P., et al. Behavioral ordered weighted averaging operator and the application in multiattribute decision making [J]. International Journal of Intelligent Systems, 2019, 34 (3): 386-399.

[160] Zhou Y., Li W., Yi P., et al. Evaluation of city sustainability from the perspective of behavioral guidance [J]. Sustainability, 2019, 11 (23): 6808.

[161] Zhou Y., Yi P., Li W., et al. Assessment of city sustainability from the perspective of multi-source data-driven [J]. Sustainable Cities and Society, 2021, 70: 102918.